环境水力学

王玉敏　高海鹰　朱光灿　编著

东南大学出版社
·南京·

内 容 简 介

本书系统地阐述了环境水力学的基本概念及基本理论，全书共分为六章：绪论，分子扩散，紊动扩散，剪切流的离散，污染物质在河流中的扩散与混合，射流、羽流及浮射流。授课时数为40学时左右。

本书注重理论联系实际，紧密结合环境水力学课程在工程实际中的应用，所选的例题贴近生活实际，深入浅出。为便于读者学习，书中需要详细推导的部分在附录中予以说明，每一章后附有一定数量的习题。

本书可作为水利类、环境类专业高年级本科生和研究生的教材，也可作为其他专业和有关科技人员的参考书。

图书在版编目(CIP)数据

环境水力学/王玉敏，高海鹰，朱光灿编著. —南京：东南大学出版社，2017.2

ISBN 978-7-5641-6818-6

Ⅰ. ①环… Ⅱ. ①王… ②高… ③朱… Ⅲ. ①环境水力学-高等学校-教材 Ⅳ. ①X52

中国版本图书馆CIP数据核字(2016)第260328号

环境水力学

出版发行 东南大学出版社
社　　址 南京市四牌楼2号　邮编　210096
出 版 人 江建中
网　　址 http://www.seupress.com
电子邮箱 press@seupress.com
经　　销 全国各地新华书店
印　　刷 兴化印刷有限责任公司
版　　次 2017年2月第1版　2017年2月第1次印刷
开　　本 787 mm×1 092 mm　1/16
印　　张 10.75
字　　数 222千
书　　号 ISBN 978-7-5641-6818-6
定　　价 39.00元

本社图书若有印装质量问题，请直接与营销部联系。电话(传真)：025-83791830

前　言

本书编写目的是指导学生学习掌握环境水力学的基本理论及研究方法，在今后实际工作中能够加以灵活运用。本书系统地介绍了环境水力学的基本概念、基本理论和分析问题的基本方法，在编写过程中，理论推导力求严谨、清晰、明确，问题分析尽量形象、贴切、生动。本书由六章组成，第一章，绪论；第二章，分子扩散；第三章，紊动扩散；第四章，剪切流的离散；第五章，污染物质在河流中的扩散与混合；第六章，射流、羽流及浮射流。

本书可以作为环境、水利、市政及能源动力等专业的本科生和研究生的教材，也可以作为相关专业的教师和工程技术人员的参考书。

本书由主编统一撰稿审定。参加编写的有：东南大学王玉敏（第一、二、三、四章）、东南大学朱光灿（第五章）、东南大学高海鹰（第六章），主编是王玉敏。在编写过程中，得到了校内外有关专家的热情鼓励和支持，同时本书也得到了“十二五”国家科技支撑项目（2013BAJ10B13）的资助，在此致以衷心的感谢！

由于作者水平有限，错误与疏漏在所难免，恳请读者批评指正。

编　者

2016 年 8 月

目　录

第一章

绪　论

§1-1　环境水力学的任务以及与其他学科的关系

1-1-1　环境水力学形成的背景

水是维持地球上一切生命和社会发展的至关因素，地球上各种形态的水体共 1.36×10^{10} 亿 m^3，其中海洋储量 1.32×10^{10} 亿 m^3，占全球总储量的 97.24%，陆地上各种水体为 3.75×10^8 亿 m^3，仅占 2.76%，而陆地水储量中，储存在河流、湖泊及浅层地下水的可利用的水资源量约有 3.84×10^5 亿 m^3，仅占淡水总量的约 0.1%。我国水资源总量为 2.8×10^4 亿 m^3，居世界第六位，但人均占有量仅为世界人均占有量的 1/4。随着工业发展和城市化进程的加快，目前全球大部分水体正遭受着人类活动造成的各种危害，面临各种环境问题。

1. 海洋环境问题

全球共有 35 个主要海域，有的与大陆相连，有的由陆地环绕。在所有海域中，受人类"比较严重影响""严重影响"和"非常严重影响"的比例加起来是 41%。所谓"比较严重影响"，意指海洋的现状已经让人难以接受，有些物种可能已经从海洋食物链的顶端彻底消失，而珊瑚礁和其他栖息地也发出警报。而侥幸未受人类活动侵害的海洋只占不到 4%。

海洋环境污染具有以下特点：

(1) 海底生物镉、铅、铜超标，珊瑚礁消失，生物多样性减少，鱼类产量减少。

(2) 石油污染，海面形成油膜，阻碍海面与大气的交换，影响海水中鱼类生存。

2. 河流环境问题

河流是陆地上最重要的水体，既是工农业用水水源，又是生活污水、工业废水的排放场所。城市和大工业区大都沿河建立，因此，在工业地区和人口密集城市的河流大多受到不同程度的污染。

河流环境污染具有以下特点：

(1) 污染程度随径流变化，径污比(河流的径流量与污水量之比)越大，河流稀释能力越强，污染程度较轻，因此丰水年河流污染较枯水年轻微。

(2) 污染影响范围广，河流从上游到中下游历经不同的省市，导致河流一旦受到污染，必然影响其下游广大地区。河流是主要的饮用水源地，河水中的污染物会通过饮用水直接危害人类的健康，还会通过食物链和河水灌溉农田造成间接危害。

(3) 自净能力较强，河流的流速较大，在流动过程中，污染物质与河流的底质、大气发生各种物理、化学和生物的作用，使得水体得到自净。但是河流自净能力是有限的，当河水污染物超过河水的环境容量时，会对河流水质造成不可逆的影响。

3. 河口污染问题

入海河口是海洋与河流的交汇段，是河流的排泄与海洋潮汐两种动力相互作用，相互消长的区域。在狭长河口，潮汐起主要作用。而在宽阔河口，风力也是主要作用之一。这些动力因素的组合造成河口的水文情势和污染物迁移扩散较为复杂，具有其独特的特性。

入海河口往往有三角洲和冲积平原，土地肥沃，人口稠密，工农业生产比较发达，排放污染物也较集中。入海河口由于流量大，比降小，容易受到海洋潮汐的影响和台风暴雨的袭击，发生海水倒灌，河水漫滩等问题。

河口区咸淡水的盐度、密度、含沙量不同，咸淡水的混合程度用混合指数——MI(mixing index)表示，即涨潮期内进入河口区的淡水量与涨潮量的比值。若$MI \geqslant 1$，咸淡水分层清楚，常出现在弱潮河口，河道径流量大，淡水从上层流向海洋，海水密度大，沿底层向河口上游延伸。若$MI \leqslant 0.1$，潮汐作用占主导地位，咸淡水之间混合强烈，断面上的等盐度线近乎垂直。若$0.1 < MI < 1$，即介于弱混合和强混合之间，即咸淡水之间无明显的交界面，但是上层和底层盐度仍有差别。

河口区的泥沙粒径一般很小，由于化学作用，细颗粒泥沙在淡水中发生电离现象，呈负电，颗粒间负电相斥，泥沙分散，呈胶体状，很难在重力作用下下沉。而海水是含电解质的液体，即含有正离子，表面带有负电荷的泥沙胶粒与海水中的离子发生离子交换，致使部分泥沙颗粒之间产生引力，从而颗粒变大，当紊动垂向速度小于其沉降速度时泥沙下沉，这就是絮凝作用，是入海河口泥沙沉积的重要因素。

4. 湖泊水库污染问题

湖泊与河流的水文条件、形成成因不同，湖泊污染的特点如下：

(1) 湖泊水面面积大，接纳的污染物来源广，途径多，种类多。

(2) 流速缓慢，其稀释和输运污染能力弱，易发生富营养化。

(3) 对污染物的生物降解、积累和转化能力强，可以使得重金属在食物链中富集。

水库的形成与地形、水文地质条件有关，狭长形水库具有与河流相似的特性，宽阔形水库具有与湖泊相似的特性。深水湖泊、水库会出现水温分层，水质也呈现不均匀性。

5. 热污染问题

热电厂、核电站、冶炼等企业产生的温水排放到天然水体中会造成热污染，破坏水生生物的生态环境，不利于鱼类产卵，造成水草丛生、藻类暴发。热水的排放，使得水体温度上升，对物理过程和生物过程都有重要影响，水质也会受到影响。目前为了改善热污染问题，很多机组已经更新换代，采用空冷机组代替以前的水冷机组。

6. 地下水污染

地下水的水文地质条件复杂，流速缓慢，一旦受到污染，其影响大、过程缓慢，属于间接污染，由于地下水埋藏在地下，在不同的水文地质条件下，污染原因、污染程度、污染分布范围各异，表现出不同的特征。因此，对于地下水资源的利用和污染防治要因地制宜，合理采用相应的对策和措施。

7. 城市水环境问题

目前城市化进程加快，导致城市的不透水地面增加，径流条件改变，径流系数显著增加，城市截留污染物的能力下降，加剧了点源污染和面源污染，从而使城市水环境严重恶化。

1-1-2　环境水力学的形成与发展

环境水力学就是适应水环境保护的需要而发展起来的，于20世纪70年代逐步成为水力学的一个重要分支学科，同时又是一门交叉学科，其内涵较丰富，主要包括污染物在水体中的扩散、迁移及转化规律以及水生物与水流之间的相互关系等。它是水力学与环境科学、环境工程、水利工程、生态学等学科相互交叉、相互渗透的产物，是进行水质评价、水质预报、水生态修复等水环境问题的理论基础。

环境水力学产生30多年来，发展速度惊人，无论是广度还是深度，发展都十分迅速。国际水利研究协会（International Association for Hydraulic Research，IAHR）成立了环境水力学组，每两年召开一次环境水力学国际研讨会，并出版环境水力学会议论文集，中国水利学会水力学专业委员会每两年也召开一次环境水力学会议。

1-1-3　目的和任务

环境水力学是形成和建立不久的一门水力学的分支学科，它的主要任务是研究污染物质在水体自然过程中的浓度变化规律及其应用。这些过程可以分为两大类：迁移和转化。迁移指通过物理方法在大气圈和水圈中运输物质的过程。类似于邮政快递，运输就是一封信从一个地方到另一个地方，流体就类似于邮政运输车，而信本身就类似于被运输的化学物质。环境水力学中两种基本的运输是对流（与流体流动相关的运输）和扩散（与流体随机运动相关的运输，包括分子扩散、紊动扩散、剪切流离散）。第二个过程转化，指的是将一种物质转化成另一种物质的过程。仍以上例作为例子，转化就是废旧回收厂将信转化为鞋盒的过程。转化的两种基本模式是物理变化(由物理规律引起的转化,如放射性衰变)和化学变化(由化学反应或生物反应引起的变化,如溶解和呼吸)。转化过程不是本课程的主要内容,本课程主要研究的是示踪物质(在水体内扩散和输移时不发生转化的物质),其存在不影响流场特性的改变。

污染物浓度在水体的分布状况,是进行水质评价的基本依据。过去一段时间内,人们在研究水资源的利用和开发时,多着眼于对水量进行预测和规划。可是目前水污染现象比较严重,只对水量进行研究显然不能满足国民经济发展的需要,环境水力学的研究成果将会在水质评价、水质规划与水资源保护等工作中得到广泛的应用。

环境水力学的主要研究及应用领域涉及:

(1) 海洋水体:包括污水排海工程的设计规划、冷却水取、排水工程设计、事故情况下溢油的运动规律、河口盐水入侵问题等。

(2) 河流流域:包括污染带计算、排放口形式及位置、射流理论、分流比、湍流理论、河口盐水入侵问题等。

(3) 湖泊、水库:包括水库建库前后的水质变化、水环境预测,水温变化、富营养化问题等。

(4) 其他领域:包括氧化塘的优化设计、沉淀池的沉淀效率、过滤池的过滤机理、氧化沟的水力模拟等。

这里,我们介绍几个典型问题及其与环境水力学的关系,用以激发后续学习的兴趣,并给接下来的学习做一个引导。

例 1-1　室内空气污染　在“9・11”事件后不久,美国邮电业面临着炭疽热问题,关于武器级别的炭疽热会在空气中扩散的讨论有很多。典型的炭疽孢子由于质量较大因而很难发生远距离传播。然而,若炭疽能由气溶胶颗粒(体积足够小,没有明显沉降速度的颗粒)传输,则会带来更大的威胁。扩散,尤其是在第三章将会讲到的紊动扩散,对密闭空间内气溶胶的扩散起着非常重要的作用。实际上,扩散是人们闻到湿油漆、烟气或者香水的主要原因。若炭疽能在空气中扩散,则也会在密闭空间中充分扩散,这也提高了进入这个空间中的人被感染的几率。

图 1-1 为在房间的左下角有一点源释放,通过通风系统和气体的随机运动,使得进出房间的气流达到混合。当工程师设计室内通风系统时,他们要使室内空间空气充分混合和快速更新(避免污染物质集中的死角),环境流体力学为计算空气混合速率及设计更有效的空气系统提

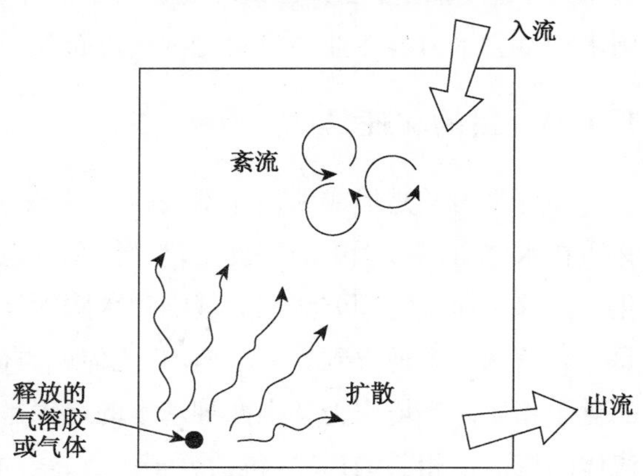

图 1-1　在封闭空间内的混合过程图

供了研究手段。

例 1-2　河流排放污染物　河流接受污染物质且能将其向下游输送，是大量的工业废水和市政污水最主要的接纳水体(见图 1-2)。而且，社区污水处理厂很可能将处理后的污水直接排至当地的河流或者水库，尽管水已被处理过，但是仍有可能含有营养污染物质从而导致下游藻类和细菌滋生，这也反过来会影响水体的溶解氧水平，促进湖泊水体富营养化。

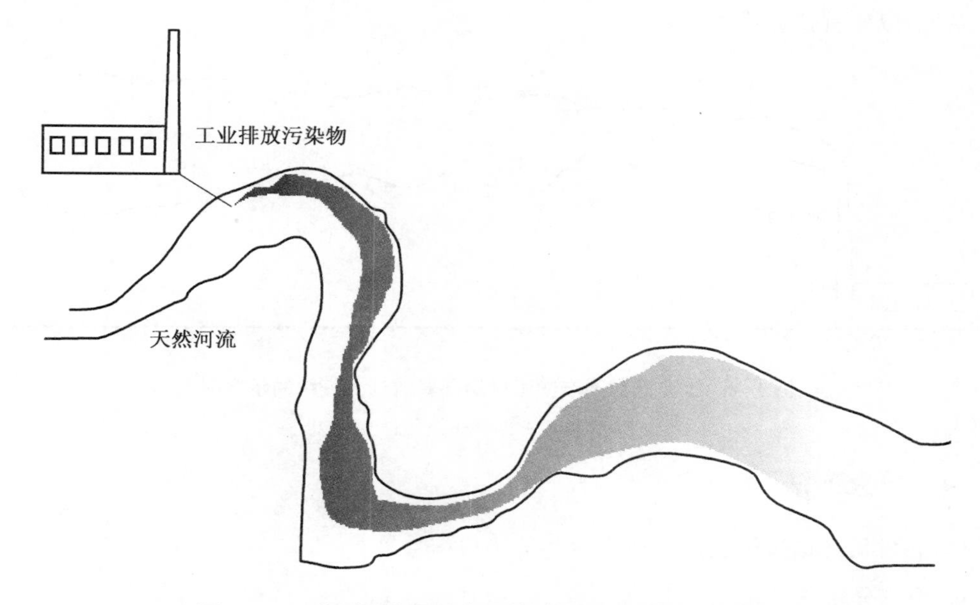

图 1-2　工业副产物通过点源输送至天然河流中的示意图

为了控制点源污染物排放产生的影响，工程师们必须对点源附近的区域(近区)和下游不受排放点驱动力影响的较远区域(远区)的影响进行评估。近区污染物质与环境水体快速混合，主要受扩散过程影响。远区则主要受离散和随流输移过程影响。在后面的章节中，会对以上每一个专题进行详细讨论。

例 1-3　氧交换　环境流体力学所研究的物质并不都是有害物质。我们将要研究的另一种重要的物质为氧气，是呼吸所必需的物质。通过水体的生物降解可降低其中的氧气浓度，这主要是因为水体和空气之间比较缓慢的交换速率无法弥补由于生物降解所消耗的氧气。当污染物浓度降低时，氧气则会从空气中溶解到水中进而扩散到水体，如图 1-3 所示。

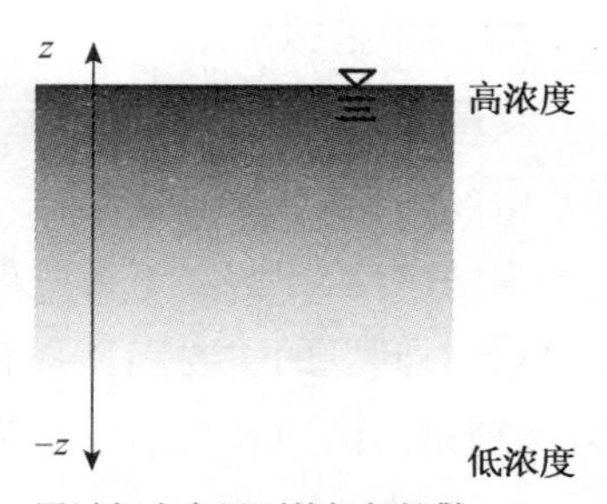

图 1-3　氧气通过气水交界面扩散到水体中的示意图

扩散的重要特征之一是，它能使污染物质从高浓度区向低浓度区迁移。在图 1-3 中，深色部分表示氧气的高浓度区，浅色部分则表示氧气的低浓度区。

例 1-4　气体混合　污染物质释放到环境中的最主要的途径是通过化工厂和电厂排放烟气(如图 1-4 所示)。污染气体由于自身的冷凝，会形成烟气或者云的可见形式排放。寒冷的冬季，汽车尾气也以可见的形式排出。在夏天，汽车尾气均不可见，我们很少在夏天会注意到汽车四周的污染物质。然而，一旦受到冷空气的作用使废气可见时，其效果是令人吃惊的。环境流体力学被用来预测夏季和冬季气体浓度，辅助设计汽车尾气和工业废气系统，以使其达标排放。

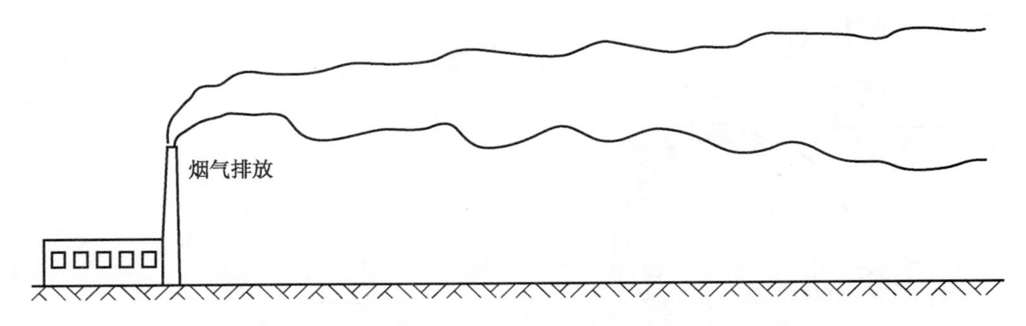

图 1-4　工业排放副产物通过烟囱释放到大气中的示意图

1-1-4　研究方法

概括来说，环境流体力学的研究方法分为以下三种：

1. 理论分析法

对原型或模型中的流体运动现象，用肉眼或仪器进行观察，将影响流体运动的因素分清主次，抓住主要因素，概括、抽象成环境流体力学的模型，根据物理学的普遍定律，结合流体物性及污染物运动特点，建立环境流体运动的基本方程，给出相应的初始和边界条件，借用数学工具分析问题的解。在分析流体运动、建立模型时，根据所取研究对象的不同，通常采用微元分析法或元流分析法。

2. 实验模拟法

复杂边界条件下的环境流体力学问题也常采用缩小尺寸的物理模型(实物模型)进行试验研究。在试验中可以直接观察流动和扩散的现象，测取流速和扩散质浓度的分布。物理模型比较直观，对于某些现象和影响因素不甚明确，因而对于未能建立数学模型的情况，只要对问题的主要因素抓得正确，即可设计物理模型。但是由于扩散的影响因素太多，物理模型的边界只适用于某一特定问题，模拟结果缺乏通用型。

3. 数值模拟法

随着计算机的出现及计算方法的发展，使得数值计算方法求解流体运动偏微分方程组成为可能，并得到越来越多的应用。如有限差分法、有限元法、有限体积法、边界元法等等，这些方法能够快速、准确、有效地求解环境流体力学问题，可参阅计算水力学或计算流体力学方面的书籍。目前已有许多现成的计算机程序（实用分析软件）供选用。与实验模拟方法比较，数值模拟法大大节约了人力物力，具有通用型，但是数值模拟法的结果需要实验和实践的检验，才能应用于实际问题。

理论分析、实验、数值计算这三种方法各有优缺点。在具体的科研和工程设计中，应结合具体的目的和要求，选择所介绍的方法，创造性地解决问题，完成任务。往往要采用几种途径相互配合或补充，结合起来解决问题。

§1-2　环境水力学的基本概念

1-2-1　浓度与水域中的污染物

1. 浓度

(1) 浓度与质量分数

评价水环境质量时，污染物浓度是一个最重要的指标。令 C 代表单位体积水中含有物的质量浓度，则给定时刻某一点的浓度定义为：

$$C = \lim_{\Delta V \to 0} \frac{\Delta M}{\Delta V} \tag{1-1}$$

式中，ΔV 表示以被研究点为中心所取无限小水体的体积；ΔM 为 ΔV 体积内所含物质的质量。浓度 C 的量纲为$[ML^{-3}]$，常用单位为 mg/L 或 g/L，对于一维、二维系统而言，浓度也可表示成单位长度的质量$[ML^{-1}]$，或者单位面积的质量$[ML^{-2}]$。

在工程中常用 ppm(parts per million)和 ppb(parts per billion)来表示浓度，严格意义上来说，ppm 和 ppb 是质量分数的表示方法，即这种物质的质量 M_i 与混合物总质量 M 之比，质量分数是无量纲量，1 ppm=1 kg 水中含有 1 mg 物质的浓度；1 ppb=1 kg 水中含有 1 μg 物质的浓度。由于水的密度为 1 kg/L(4 ℃纯水)，所以使浓度单位 mg/L 和质量分数单位 ppm 完全一样，但是其他溶剂如海水或者空气，其单位 ppm 和 mg/L 则不一样。

向水体中排放超标准的热量也属于对水环境的污染，热污染浓度 C_h 表示单位体积水中含有的热量，

$$C_h = \rho C_p T \tag{1-2}$$

式中，ρ 为水的密度；C_p 为定压比热；T 为水温。当压力和温度变化范围不大时，水的密度和比热相对变化很小，因此热污染浓度主要取决于水温，可见，水温值的大小是热污染浓

度的标志。

(2) 平均浓度

对于某段时间平均浓度,定义为:

$$\overline{C}_t(x, y, z, t_0) = \frac{1}{T}\int_{t_0}^{t_0+T} C(x, y, z, t)\mathrm{d}t \tag{1-3}$$

对于某个空间的平均浓度,定义为:

$$\overline{C}_v(x_0, y_0, z_0, t) = \frac{1}{V}\iiint_{\Delta V} C(x, y, z, t)\mathrm{d}V \tag{1-4}$$

如某一过水断面上,其流速和浓度分布都是不均匀的,设断面上任意点处的流速为 u,相应的含有物浓度为 C,通过该断面水流的流量为 Q,则流量平均浓度 $\overline{C}_f$ 定义为:

$$\overline{C}_f = \frac{\int_A Cu\mathrm{d}A}{Q} \tag{1-5}$$

式中分子部分 $\int_A Cu\mathrm{d}A$ 为通过断面的含有物流量(即单位时间通过的含有物质量)。

若在某污染水体内共取得 n 瓶水质样品,各样品体积分别为 $V_1, V_2, \cdots, V_n$;其浓度分别为 $C_1, C_2, \cdots, C_n$;则样品组合平均浓度 C 定义为:

$$C = \frac{\sum_{i=1}^{n} V_i C_i}{\sum_{i=1}^{n} V_i} \tag{1-6}$$

2. 水域中的污染物

(1) 无毒有机物

主要来自轻工业污水和生活污水中的有机物,如淀粉、蛋白质、糖类等。这类污染物在水体中经生物降解,可以分解为 CO_2、H_2O 和硝酸盐等。这类物质降解时会消耗水体中的溶解氧(DO)(未受污染的自然水体常压下 DO 约为 9.17 mg/L)。过多的无毒有机物会造成水体缺氧,形成富营养化,导致大量水生物因缺氧死亡。

(2) 无毒无机物

主要指各种无毒的中性(或弱酸性、弱碱性)无机盐,如食盐等。

(3) 有毒有机物

主要指酚、醛、多氯联苯、有机磷、有机氯等农药及其他化工产品。这类物质化学稳定性强,难分解,能在水体中存留很长时间,且能在生物体内累积、传递。

(4) 有毒无机物

主要指氰化物、氟化物、亚硝酸盐等剧毒无机物。这类物质一旦进入生物体内,会导致生物功能紊乱或丧失,引起急性中毒死亡。但这类物质易氧化分解,在水中存留时间不长。

(5) 重金属

来自重工业、化工、造纸、制漆以及有色金属开采、加工的三废(废水、废气、废渣)。主要有汞、镉、铬、铅、锌、锑、钴、锡、钨及其氧化物。水体只要含微量浓度(1～2 mg/L),就具有毒性。此类物质不能被微生物降解,一旦进入生物体内,就会长期积存在某些器官中,危害极大。

(6) 放射性物质

来自铀开采、核工业、反应堆等设施排放的污水,以及各种放射性同位素的研制和应用。这类物质在相当长时间内放射 α、β、γ 射线,伤害各种生物体组织,诱发恶性贫血、肿瘤和胎儿畸形等。

(7) 细菌

尤指大肠杆菌,主要由各种动物(含人、畜等)的排泄物带入水体。可引起各种肠道疾病、皮肤病和其他传染性疾病。

(8) 热污染

主要来自热电厂、核电厂、冶炼厂、焦化厂以及印染、纺织、制革等工业的热废水。当水体温度升高时,会破坏水生生物的生态环境,溶解氧(DO)下降,厌氧菌繁殖,会使水体中有毒物质的毒性加剧。

1-2-2 稀释度、密度与密度分层水体

1. 稀释度

稀释度也可作为反映纳污水体被污染程度的一种指标,稀释度 S 定义为:

$$S=\frac{\text{样品总体积}}{\text{样品中所含污水体积}} \tag{1-7}$$

若 $S=1$,则表明污水未得到任何稀释;$S=\infty$,则样品中所含污水体积为零,样品为纯净水体。

2. 相对浓度

相对浓度是用样品中所含污水体积的相对比例来反映水体被污染程度的指标,相对浓度 P 定义为:

$$P=\frac{\text{样品中所含污水体积}}{\text{样品总体积}} \tag{1-8}$$

若 $P=1$,则表明污水未得到任何稀释;$P=0$,则样品为纯净水体。显然,稀释度 S 与相对浓度 P 互为倒数,即 $P=\frac{1}{S}$。

3. 背景浓度

在某些情况下，受纳水体中原已含有某种物质，把受纳水体中原已含有这种物质的浓度称为背景浓度 C_s，则受污染后水体的浓度定义为：

$$C = C_s + P(C_d - C_s) \tag{1-9}$$

式中，C_s 为背景浓度；C_d 为排入的污水所含物质的质量浓度；C 为该物质最终在受纳水体中存在的实际浓度（质量浓度）。

$$稀释度为：S = \frac{C_d - C_s}{C - C_s} \tag{1-10}$$

4. 密度与密度分层水体

环境水力学中有质量密度和重量密度两种提法，质量密度是单位体积内所含质量，以 ρ 表示，重量密度是单位体积内所含物质的重量，以 γ 表示，$\gamma=\rho g$。

被污染水体的密度变化常小于 3%，它对流体运动的影响一般忽略不计，但是若排放的污水由于密度差受到浮力的作用或污水排入密度分层的湖泊等水体时，密度差所引起的重力差或浮力差就不能忽略不计。令 z 轴向上为正，若分层密度梯度 $\frac{d\rho_a}{dz}<0$，则密度分层稳定。很多实际问题中，$\frac{d\rho_a}{dz}=Const$。

§1-3 物质在水体内迁移的主要方式

水中含有的物质可通过各种方式发生位置的迁移，这些方式主要包括以下几种：

1. 分子扩散(molecular diffusion)

分子扩散是指物质分子的随机运动而引起的物质迁移。当水体中的污染物浓度不均匀时，物质会从浓度高的地方向浓度低的地方移动。含有物在水中分子扩散的快慢与物质的性质以及含有物浓度分布不均匀程度有关，与温度和压力也有一定关系。研究大尺度的水环境问题，分子扩散所引起的物质迁移和其他因素引起的物质迁移相比，一般是微不足道的。

2. 随流输移(advection)

当水体处在流动状态时，含有物可随水质点的流动一起而移动至新的位置。

3. 紊动扩散(turbulent diffusion)

当水体作紊流运动，或者虽然水体不存在时间平均流动而仅有脉动（如仅仅受到紊动干扰）的情况下，随机的紊动作用也可以引起水中含有物质的扩散。

4. **剪切流离散(dispersion of shear flow)**

当垂直于流动方向的横断面上流速分布不均匀或者有流速梯度存在的流动称为剪切流，由于剪切流中各点流速与断面平均流速不同而引起附加的物质扩散。

5. **对流扩散(convection)**

由于温度差或密度分层不稳定性而引起的铅垂方向对流运动所伴随的含有物迁移。

自然界中水体多处于流动状态，各种形式扩散常常交织在一起发生。除以上几种主要迁移形式外，在水体中由于河床的冲刷，含有物的淤积和悬浮都可能导致水体中物质迁移。除分子扩散外，所有各种迁移方式都和水体流动特性有密切的联系。

§1-4 环境水力学研究的主要领域及发展趋势

1-4-1 研究的主要领域

目前，环境水力学研究较为深入的主要有三个领域：天然水体中污染物的输运规律、射流混合机理和分层流。简要介绍如下：

1. **天然水体中污染物的扩散、输移和衰减规律**

污染物在水体中的迁移扩散包括扩散、随流输移两大基本类型，其中，扩散又包括分子扩散和紊动扩散。污染物的迁移扩散涉及流场的动量传递与传热传质过程之间的相互作用，流场对于污染物的传热传质过程至关重要。

对于地表水问题，研究的主要成果涉及各种水体(河流、河口、海湾、湖泊等)的水质预测模型、富营养化等，研究对象包括点源、非点源污染；对于地下水问题，主要研究了污染物在土壤孔隙中的扩散、弥散、土壤介质的过滤等。

2. **射流混合机理**

污水排入河流、湖泊、海湾，其排放口常以射流形式进入受纳水体，在射流喷口附近，紊动和混合占主导地位的区域称为近区，污水(电站冷却水)排江排海的排放混合区是近区的范畴，该领域的研究可以用来指导扩散器的设计和布置，充分利用水域的稀释扩散能力，达到经济和环境的双赢。

3. **分层流**

分层流是指两层密度不同、流速不同的流体的相对运动，在一定的条件下，盐水与淡水、热水与冷水之间会形成交界面，发生分层流的主要原因是温度差或密度差的存在，在水流的紊动输移中，由于垂向上密度分布的差异，引起了横向和垂向扩散的差异，从而影响到热量与污染物的输移。研究的主要成果涉及水库泥沙异重流、冷却水排放温差异重流、海水入侵和分层水库取水等。

1-4-2 发展趋势

随着全球水环境的日益突出，环境水力学在研究内容、方法和手段上都有了新的变化。

1. 研究内容上，环境水力学逐渐向生态水力学发展

环境水力学形成之初，仅限于研究水体中非生命物质的扩散、输移与转化规律，由于现阶段生态环境问题突出，环境水力学的研究对象也从过去的非生物组分扩展到各种生物组分，环境水力学不再是传统意义上的污染水力学，而是向着生态水力学的方向发展。

2. 在研究方法上，运用数理统计、非确定分析方法等

水体污染的过程很复杂，污染物进入水体后，在水体中的迁移转化过程是受物理、化学、生物及其综合作用的复杂过程，使得水质变化具有明显的不确定性。而且，水环境系统是一个庞大的复杂系统，其结构和功能会受到外部环境的变化而发生变化，具有随机性，因此概率理论、随机数学理论、非确定性分析法被引入与实际的物理过程结合起来研究问题。近年来，模糊理论、神经网络、灰色系统、分形学和混沌理论也在环境水力学研究中广泛应用。

3. 在研究手段上，广泛应用新技术

近来年，数字图像处理技术、"3S"技术(地理信息系统 GIS、遥感系统 RS、全球定位系统 GPS)和专家系统等一些新技术在环境水力学中的应用，有力地推动着环境水力学的发展。

习 题

1-1 选择一张报纸和网站上与环境水力学相关的水污染事件文章，水污染事件发生在最近20年，附加一份报道的分析，写一篇阐述它与环境流体力学关系的短文章。

1-2 一个学生往1 000 L、20 ℃的水中加1.00 ng的纯 Rhodamine WT(在现场实验中一种常用的普通荧光示踪剂)。假设溶液很稀以至于我们可以忽略溶液的状态方程式，计算 Rhodamine WT 混合溶液的浓度，单位以 mg/L, mg/kg, ppm 和 ppb 计。

1-3 环境水力学与传统水力学之间是什么关系?

1-4 环境水力学常用哪几种研究方法?

第二章
分 子 扩 散

本章主要介绍有关分子扩散过程的基本概念和基本方程，讨论扩散方程在某些典型初、边值条件下的解析解。先讨论物质在静止液体中的分子扩散，再讨论液体作层流运动时的扩散，因为液体作层流运动时只有分子扩散和随流输移而不存在紊动扩散。

§2-1　物质的传递与扩散现象

分子每时每刻都在不停歇地做无规则运动，称为分子热运动。通常条件下每秒钟每升气体内的分子碰撞次数高达 10^{32} 次以上。两种不同物质通过它们的分子运动而互相渗透的现象称为物质传递现象或分子扩散，物质的分子扩散可以借助四种推动力发生，即浓度梯度、温度梯度、压力梯度或其他作用力梯度，引起的扩散称为浓度扩散、温度扩散、压力扩散或强制扩散。

例如在一玻璃筒中，下部盛棕色的碘溶液，然后徐徐注入清水，注入的过程尽可能不扰动下面的碘溶液，上下部分的液体均处于静止状态。随着时间的推移，一开始具有明显的分界面，随后上层清水逐渐变黄，接着不同层次的水平面上颜色深度不同，上面颜色浅而下面颜色深，即上面浓度小下面浓度大，最后各点浓度几乎相同。这种现象就是由于浓度梯度的存在而发生的碘溶液扩散。分子运动伴随着物质的传递，也同样可以传递动量、能量、热量、涡量等等。

§2-2　分子扩散的费克定律

费克认为分子扩散可以用热传导中的傅立叶定律或电传导中的欧姆定律表达，即为下式

$$F_A = -D_{AB}\frac{\mathrm{d}C_A}{\mathrm{d}n} \tag{2-1}$$

式中，D_{AB} 为溶质 A 在 AB 溶液中的分子扩散系数，量纲与运动黏滞系数相同，常用 cm^2/s 表示；F_A 为溶质 A 在 AB 溶液中沿作用面法线方向的通量(单位时间通过单位面积的溶质 A 的质量)，单位 $kg/m^2/s$；C_A 为溶质 A 的质量浓度，常用 mg/L，ppm 表示。

式(2-1)可简写为

$$F = -D\frac{dC}{dn} \tag{2-2}$$

负号表示物质扩散方向与浓度梯度增加的方向相反，上式称为费克第一定律。表 2-1 是根据实验测定出的一些溶质在水中的分子扩散系数，它随溶质的种类、温度和压力等而变化。

表 2-1 溶质在水中的分子扩散系数

溶质	温度/℃	分子扩散系数 $/10^{-9}\ m^2 \cdot s^{-1}$	溶质	温度/℃	分子扩散系数 $/10^{-9}\ m^2 \cdot s^{-1}$
O_2	20	1.80	氢氧化钠	20	1.51
H_2	20	5.13	食盐	20	1.35
CO_2	20	1.5	食盐	0	0.78
N_2	20	1.64	蔗糖	20	0.45
NH_3	20	1.76	葡萄糖	20	0.60
H_2S	20	1.41	尿素	20	1.06
N_2O	20	1.51	甲醇	20	1.28
Cl_2	20	1.22	乙醇	20	1.00
HCl	20	2.64	醋酸	20	0.88
H_2SO_4	20	1.73	甘油	20	0.72
酚	20	0.84	甘油	10	0.63

例 2-1 湖泊溶解氧的时均浓度断面分布为：

$$C(z) = C_{sat} - (C_{sat} - C_l)\operatorname{erf}\left(\frac{z}{\delta\sqrt{2}}\right) \quad [\operatorname{erf}(x) \text{ 称为误差函数，详见附录 2-1}]$$

其中 C_{sat} 为饱和溶解氧浓度，C_l 为湖体内溶解氧浓度，δ 为浓度边界层厚度，z 坐标轴，方向向下为正。湖体紊动使 δ 保持恒定。试求出进入湖体内总氧量的表达式。

解：由费克定律可知，湖面垂直扩散面上氧气的浓度梯度促使氧气由空气扩散至湖体当中。又因为氧浓度在 x、y 方向分布均匀，故由式(2-2)可以得到 z 轴方向上，氧气的扩散通量方程：

$$F = -D\frac{\mathrm{d}C}{\mathrm{d}z}$$

浓度梯度的导数为：$\frac{\mathrm{d}C}{\mathrm{d}z} = -(C_{sat} - C_l)\frac{\mathrm{d}}{\mathrm{d}z}\left[\mathrm{erf}\left(\frac{z}{\delta\sqrt{2}}\right)\right]$

由附录 2-1，$\frac{\mathrm{d}}{\mathrm{d}x}\mathrm{erf}(x) = \frac{2}{\sqrt{\pi}}\mathrm{e}^{-x^2}$，得

$$\frac{\mathrm{d}C}{\mathrm{d}z} = -\frac{2}{\sqrt{\pi}}\frac{(C_{sat} - C_l)}{\delta\sqrt{2}}\mathrm{e}^{-\left(\frac{z}{\delta\sqrt{2}}\right)^2}$$

在湖面处 z 的值为 0，相应的扩散通量为：$F = (C_{sat} - C_l)\frac{D\sqrt{2}}{\delta\sqrt{\pi}}$

式中 F 的量纲是 $[\mathrm{M}/(\mathrm{L}^2 \cdot \mathrm{T})]$。设湖泊表面面积为 A_l，则总氧气质量通量为：

$$\dot{m} = A_l(C_{sat} - C_l)\frac{D\sqrt{2}}{\delta\sqrt{\pi}}$$

对于 $C_l < C_{sat}$，扩散至湖体内氧气的质量通量为正，表示氧气通量向下进入湖泊。

例 2-2　如图所示，一个小的高山湖泊有轻微的分层现象，3 m 处有一斜温层（在密度梯度最陡的地区），受到砷污染。试确定砷通过变温层扩散的通量的大小和方向（变温层的横截面积 $A = 2 \times 10^4\ \mathrm{m}^2$）。分子扩散系数 $D_m = 1 \times 10^{-10}\ \mathrm{m}^2/\mathrm{s}$。

解：$F = -D\frac{\mathrm{d}C}{\mathrm{d}z} = -(10^{-10})\left(\frac{10 - 6.1}{2 - 4}\right) \cdot \frac{1\ 000L}{1\ \mathrm{m}^3}$

$= 1.95 \cdot 10^{-7}\ \mu\mathrm{g}/(\mathrm{m}^2 \cdot \mathrm{s})$。

其中正号表示通量是下降的。总质量通量等于它与面积的乘积：

$$\dot{m} = AF = 0.003\ 9\ \mu\mathrm{g}/\mathrm{s}$$

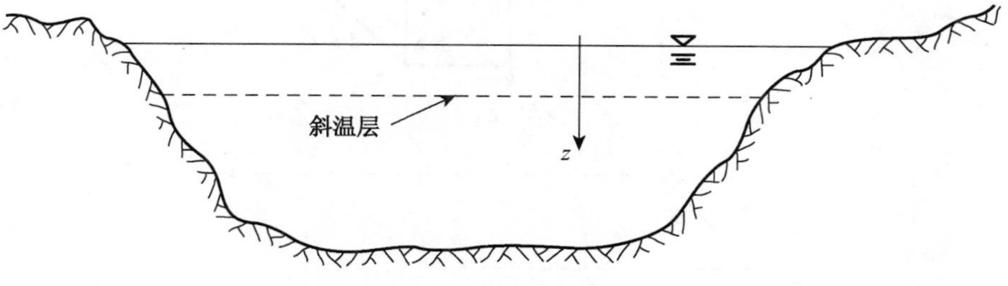

斜温层

z

例 2-2 图(a)　温度分层的高山湖泊剖面图

(a) 温度剖面图

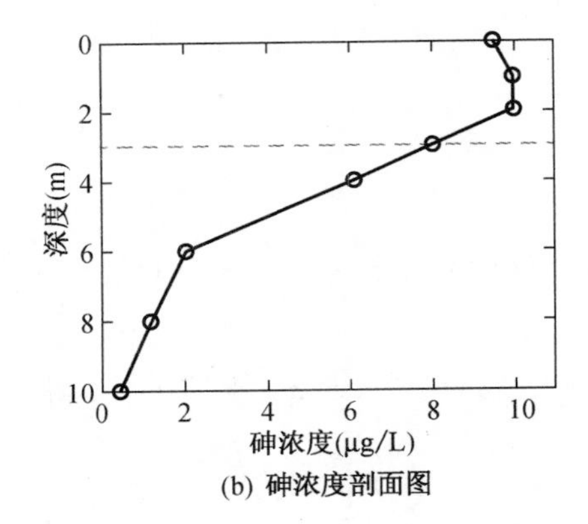

(b) 砷浓度剖面图

例 2-2 图(b)　高山湖泊中温度和砷浓度曲线，3 m 处的虚线表示变温层的地方(密度梯度最大的地方)

§2-3　扩散方程——费克第二定律

2-3-1　静止水体中的扩散方程

在含有某种物质的静止溶液中，由于浓度分布不均匀而引起分子扩散，现根据质量守恒原理，建立浓度随时间和空间变化关系式，即分子扩散的扩散方程。

为了推导扩散方程，取一微元六面体为控制体如图 2-1 所示，中心坐标为$(x,\ y,\ z)$，中心浓度为$C(x,\ y,\ z)$，物质扩散通量在三个坐标轴方向上的分量分别为F_x、F_y、F_z，在控制体中，$\mathrm{d}t$ 时段内 x 方向上流进微元六面体的扩散量为：$\left(F_x-\dfrac{\partial F_x}{2\partial x}\mathrm{d}x\right)\mathrm{d}y\mathrm{d}z\mathrm{d}t$，

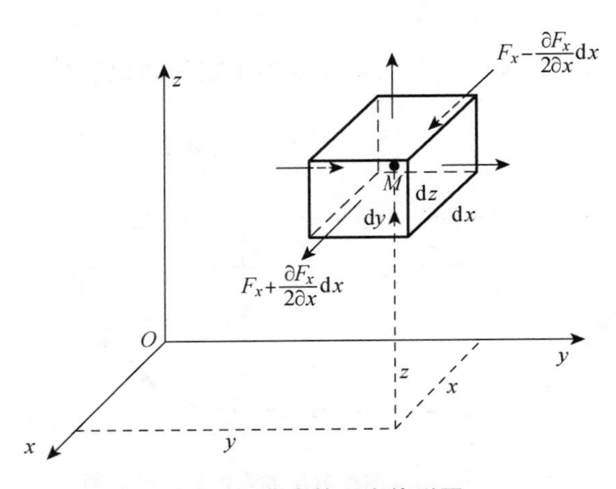

图 2-1　费克第二定律附图

$\mathrm{d}t$ 时 段内 x 方向上流出微元六面体的扩散量为：$\left[F_x+\frac{\partial F_x}{2\partial x}\mathrm{d}x\right]\mathrm{d}y\mathrm{d}z\mathrm{d}t$，可以得到控制体在 x 轴方向上的净通量：$-\frac{\partial F_x}{\partial x}\mathrm{d}x\mathrm{d}y\mathrm{d}z\mathrm{d}t$。

以此类推，可以得到 $\mathrm{d}t$ 时段内物质沿着控制体 y 轴方向和 z 轴方向的净通量方程分别为：$-\frac{\partial F_y}{\partial y}\mathrm{d}x\mathrm{d}y\mathrm{d}z\mathrm{d}t$，$-\frac{\partial F_z}{\partial z}\mathrm{d}x\mathrm{d}y\mathrm{d}z\mathrm{d}t$。

根据质量守恒原理，$\mathrm{d}t$ 时段内进出微元六面体的物质扩散量之差的总合，应和该时段内六面体中因浓度变化而引起的含有物质量增量相等，即

$$-\frac{\partial F_x}{\partial x}\mathrm{d}x\mathrm{d}y\mathrm{d}z\mathrm{d}t-\frac{\partial F_y}{\partial y}\mathrm{d}x\mathrm{d}y\mathrm{d}z\mathrm{d}t-\frac{\partial F_z}{\partial z}\mathrm{d}x\mathrm{d}y\mathrm{d}z\mathrm{d}t=\frac{\partial C}{\partial t}\mathrm{d}x\mathrm{d}y\mathrm{d}z\mathrm{d}t \tag{2-3}$$

简化后得

$$\frac{\partial C}{\partial t}+\frac{\partial F_x}{\partial x}+\frac{\partial F_y}{\partial y}+\frac{\partial F_z}{\partial z}=0 \tag{2-4}$$

由费克第一定律，$F_x=-D_x\frac{\partial C}{\partial x}$，$F_y=-D_y\frac{\partial C}{\partial y}$，$F_z=-D_z\frac{\partial C}{\partial z}$

于是式(2-4)可以改写为

$$\frac{\partial C}{\partial t}=D_x\frac{\partial^2 C}{\partial x^2}+D_y\frac{\partial^2 C}{\partial y^2}+D_z\frac{\partial^2 C}{\partial z^2} \tag{2-5}$$

当物质在溶液中的扩散为各向同性时，$D_x=D_y=D_z=D$，则式(2-5)成为

$$\frac{\partial C}{\partial t}=D\left(\frac{\partial^2 C}{\partial x^2}+\frac{\partial^2 C}{\partial y^2}+\frac{\partial^2 C}{\partial z^2}\right) \tag{2-6}$$

二维扩散方程为

$$\frac{\partial C}{\partial t}=D_x\frac{\partial^2 C}{\partial x^2}+D_y\frac{\partial^2 C}{\partial y^2} \tag{2-7}$$

当 $D_x=D_y=D$ 时，则式(2-7)成为

$$\frac{\partial C}{\partial t}=D\left(\frac{\partial^2 C}{\partial x^2}+\frac{\partial^2 C}{\partial y^2}\right) \tag{2-8}$$

一维扩散方程为

$$\frac{\partial C}{\partial t}=D\frac{\partial^2 C}{\partial x^2} \tag{2-9}$$

由于式(2-5)～式(2-9)是基于费克第一定律的物质扩散方程，故称为费克第二定律。

2-3-2 层流运动水体中的扩散方程

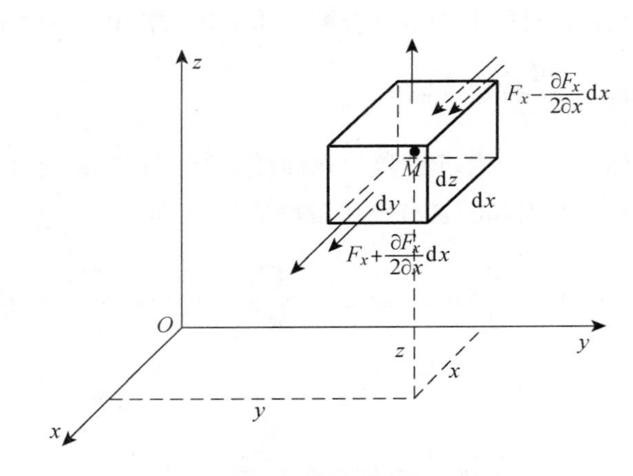

图 2-2 层流扩散方程推导示意图

若环境水体处于流动状态，水体中不仅因分子扩散而产生物质迁移，同时含有物质随水质点一起流动也要产生迁移作用，这种随流迁移现象称为移流输送。一般假定分子扩散输送和移流输送可以分别计算而后迭加。由于假定流体作层流运动，流速或浓度都不考虑脉动的存在。

和推导静止水体中分子扩散的扩散方程类似，设在三维流场中取微元六面体，中心点坐标为(x, y, z)，中心处的流速分量为u_x, u_y, u_z，垂直于三个坐标方向的单位面积上含有物质通量分别为：

$$F_x = u_x C - D\frac{\partial C}{\partial x} \tag{2-10}$$

$$F_y = u_y C - D\frac{\partial C}{\partial y} \tag{2-11}$$

$$F_z = u_z C - D\frac{\partial C}{\partial z} \tag{2-12}$$

显然，上面三式中右端第一项为由移流输送引起的物质通量，第二项为分子扩散而引起的物质通量。

将式(2-10)～式(2-12)代入式(2-4)，得

$$\frac{\partial C}{\partial t} + u_x\frac{\partial C}{\partial x} + u_y\frac{\partial C}{\partial y} + u_z\frac{\partial C}{\partial z} = D\left(\frac{\partial^2 C}{\partial x^2} + \frac{\partial^2 C}{\partial y^2} + \frac{\partial^2 C}{\partial z^2}\right) \tag{2-13}$$

以上是三维移流扩散方程。对于二维问题，移流扩散方程为

$$\frac{\partial C}{\partial t}+u_x\frac{\partial C}{\partial x}+u_y\frac{\partial C}{\partial y}=D\left(\frac{\partial^2 C}{\partial x^2}+\frac{\partial^2 C}{\partial y^2}\right) \tag{2-14}$$

对于一维问题，移流扩散方程为

$$\frac{\partial C}{\partial t}+u_x\frac{\partial C}{\partial x}=D\frac{\partial^2 C}{\partial x^2} \tag{2-15}$$

§2-4　静止水体中瞬时平面源一维扩散方程

前面所建立的扩散方程属于二阶抛物线型偏微分方程，当把扩散系数当做常数看待时，可使该偏微分方程线性化，在比较简单的初、边值条件下可以求得解析解。对复杂条件下求解只能借助于数值解法。

扩散方程的求解与污染源的存在形式密切相关。从污染源在水体中的存在形式看，有点源、线源、面源和体源（空间分布源）。在实际问题中，绝对的点源、线源和面源是不可能的，只是一种近似的处理方法。从污染源的时间分布上看，有瞬时源和时间连续源。瞬时源是指污染物质在瞬时投放于水域，实际上也是一种近似，如突发事故产生的核污染或者油轮突发事故泄放的油污染等可近似看作瞬时污染源。时间连续源又可分为恒定强度的时间连续源和非恒定强度的时间连续源。从污染物质的扩散空间看可能是一维空间，即只沿一个方向扩散，也可能是二维空间，即扩散沿两个方向（沿一个平面）发展，也可能是三维空间，即沿空间域发展。

这一节我们首先讨论瞬时平面源在一维空间扩散的求解，然后再讨论解的某些特性。

2-4-1　静止水体中一维扩散方程求解

现研究如图 2-3 所示的一水平放置直径较小的无限长水管，管中充满静止水体，在管子中间断面瞬时（$t=0$ 时）投放有色溶液，在投放平面上有色溶液的浓度均匀分布，设有色溶液的比重和水一样。令投放平面和坐标原点重合，横坐标轴 x 与管轴线平行如图所示。由于管壁的限制，有色溶液只能沿管轴方向作一维扩散，虽然有色溶液分布在横断面的平面上，但它所代表的问题的性质和点源的一维扩散相同。沿着 y 轴和 z 轴方向上的浓度梯度为零，上述是一个非恒定的一维扩散问题，式(2-9)即为问题的方程表达形式。

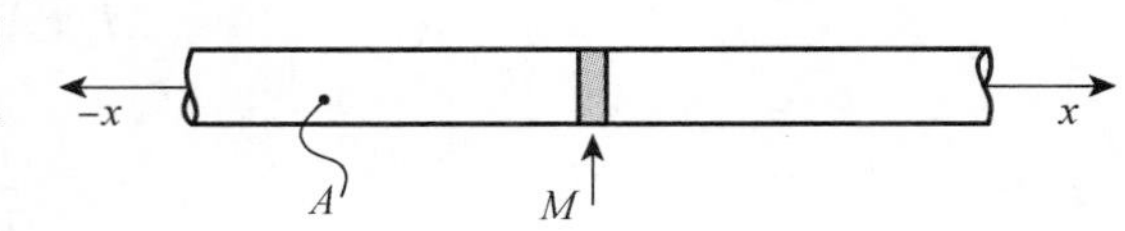

图 2-3　无限长管道中一维纯扩散示意图

观察式(2-9)，可以得到三个要点：

(1) 式中时间变量为一阶，因而要想求得解，必须指定一个初始条件，得到解是一个非恒定的、随时间变化的值。若要求得不随时间变化的恒定解，必须设$\frac{\partial C}{\partial t}=0$，就无需另设初始条件。有恒定解形式的$D\frac{\partial^2 C}{\partial x^2}=0$称为拉普拉斯方程。

(2) 式中距离变量为二阶，因而要想求得方程的解，必须设定两个边界条件，所得到的解因距离而变化。

(3) 式子的形式与热传导方程几乎完全相同，唯一的不同点是扩散方程的系数为扩散系数D，而热传导方程的系数为热传导系数k。

要解此方程，需要两个边界条件和一个初始条件。对于边界条件，由于示踪分子不可能扩散到无穷远处，所以浓度在$x=\pm\infty$时始终为0。

$$C(\pm\infty,\ t)=0 \tag{2-16}$$

初始条件设定为：将染料示踪剂均匀的注入一个垂直于x轴的截面之上，截面宽度无穷小。应用狄拉克δ函数表示，初始条件为：

$$C(x,\ 0)=(M/A)\delta(x) \tag{2-17}$$

式中狄拉克函数$\delta(x)$在除$x=0$外处处为0，但是$\delta(x)$的在$(-\infty,\ +\infty)$上的积分值为1。因而扩散物质的投加量表达式为：

$$M=\int_V C(x,\ t)\mathrm{d}V=\int_{-\infty}^{\infty}\int_0^R (M/A)\delta(x)2\pi r\mathrm{d}r\mathrm{d}x=M \tag{2-18}$$

应用量纲分析法，需要考虑到解的所有控制参数。因为任意时刻在x方向某一点的浓度C必定与投放质量M、扩散系数D以及坐标位置x、时间t有关，表2-2总结了假定模型问题中涉及的因变量和自变量。从表中可以得到5个控制变量和3个量纲。由此可以构造两个无量纲量：

$$\pi_1=\frac{C}{M/(A\sqrt{Dt})} \tag{2-19}$$

$$\pi_2=\frac{x}{\sqrt{Dt}} \tag{2-20}$$

量纲分析可以得到$\pi_1=f(\pi_2)$，继而可以推导到浓度C的解为：

$$C=\frac{M}{A\sqrt{Dt}}f\left(\frac{x}{\sqrt{Dt}}\right) \tag{2-21}$$

表 2-2　管内一维扩散的量纲分析

	变量	量纲
因变量	C	$\mathrm{M/L^3}$
自变量	M/A	$\mathrm{M/L^2}$
	D	$\mathrm{L^2/T}$
	x	L
	t	T

可以通过两种基本方法找到函数 f 的表达形式。其一是通过多次实验测得数据，而后以 π_1 和 π_2 为横纵坐标绘出一条平滑曲线，即为函数 f 的曲线；其二是将式(2-21)作为微分方程的解，并求出 f 的解析解。此处对第二种方法进行陈述。

取新变量 $\eta=\dfrac{x}{\sqrt{Dt}}$，则

$$\frac{\partial\eta}{\partial t}=-\frac{\eta}{2t} \tag{2-22}$$

$$\frac{\partial\eta}{\partial x}=\frac{1}{\sqrt{Dt}} \tag{2-23}$$

应用链式法则计算$\dfrac{\partial C}{\partial t}$，如下：

$$\begin{aligned}\frac{\partial C}{\partial t}&=\frac{\partial}{\partial t}\left[\frac{M}{A\sqrt{Dt}}f(\eta)\right]=\frac{\partial}{\partial t}\left[\frac{M}{A\sqrt{Dt}}\right]f(\eta)+\frac{M}{A\sqrt{Dt}}\frac{\partial f}{\partial\eta}\frac{\partial\eta}{\partial t}\\&=\frac{M}{A\sqrt{Dt}}\left(-\frac{1}{2}\right)\frac{1}{t}f(\eta)+\frac{M}{A\sqrt{Dt}}\frac{\partial f}{\partial\eta}\left(-\frac{\eta}{2t}\right)\\&=-\frac{M}{2At\sqrt{Dt}}\left(f+\eta\frac{\partial f}{\partial\eta}\right)\end{aligned} \tag{2-24}$$

同理计算$\dfrac{\partial^2 C}{\partial x^2}$可得：

$$\begin{aligned}\frac{\partial^2 C}{\partial x^2}&=\frac{\partial}{\partial x}\left[\frac{\partial}{\partial x}\left(\frac{M}{A\sqrt{Dt}}f(\eta)\right)\right]=\frac{\partial}{\partial x}\left[\frac{M}{A\sqrt{Dt}}\frac{\partial f}{\partial\eta}\frac{\partial\eta}{\partial x}\right]\\&=\frac{M}{ADt\sqrt{Dt}}\frac{\partial^2 f}{\partial\eta^2}\end{aligned} \tag{2-25}$$

将上述式(2-24)、式(2-25)的结果代入扩散方程，可以得到一个以变量 η 表示的常微分方程：

$$\frac{d^2 f}{d\eta^2}+\frac{1}{2}\left(f+\eta\frac{df}{d\eta}\right)=0 \tag{2-26}$$

要求解方程(2-26),需将边界条件和初始条件转化为 f 的两个新约束,因而将 η 代入边界条件可得

$C(\pm\infty,\ t)=0$,即$\left.\frac{M}{A\sqrt{Dt}}f\left(\frac{x}{\sqrt{Dt}}\right)\right|_{x=\pm\infty}=0$,得到

$$f(\pm\infty)=0 \tag{2-27}$$

我们使用相同的方式转化初始条件 $C(x,\ 0)=(M/A)\delta(x)$,代换 η 得到:

$$\left.\frac{M}{A\sqrt{Dt}}f\left(\frac{x}{\sqrt{Dt}}\right)\right|_{t=0}=\frac{M}{A}\delta(x)$$

化简,得

$$\left.f\left(\frac{x}{\sqrt{Dt}}\right)\right|_{t=0}=\sqrt{Dt}\delta(x)\left.\right|_{t=0} \tag{2-28}$$

式(2-28)中,方程左边如果 $x>0$,$\left.\frac{x}{\sqrt{Dt}}\right|_{t=0}$ 趋向于 $+\infty$;如果 $x<0$,$\left.\frac{x}{\sqrt{Dt}}\right|_{t=0}$ 趋向于 $-\infty$,方程右边在 $t=0$ 时始终等于 0,因此,初始条件可以简化为

$$f(\pm\infty)=0 \tag{2-29}$$

因此,原来的偏微分方程中的三个条件(两个边界条件和一个初始条件)转化成了常微分方程中 f 的两个边界条件(2-27)或(2-29)。

另外一个要求是确定 M 值,从总量守恒得到

$$M=\int_V C(x,\ t)dV=\int_{-\infty}^{\infty}\int_0^R\frac{M}{A\sqrt{Dt}}f\left(\frac{x}{\sqrt{Dt}}\right)2\pi r dr dx$$

将 $dx=\sqrt{Dt}d\eta$ 代入并简化,得到:

$$\int_{-\infty}^{\infty}f(\eta)d\eta=1 \tag{2-30}$$

首先我们利用恒等式

$$\frac{d(f\eta)}{d\eta}=f+\eta\frac{df}{d\eta} \tag{2-31}$$

则式(2-26)式成为

$$\frac{\mathrm{d}}{\mathrm{d}\eta}\left[\frac{\mathrm{d}f}{\mathrm{d}\eta}+\frac{1}{2}f\eta\right]=0 \tag{2-32}$$

积分一次得到

$$\frac{\mathrm{d}f}{\mathrm{d}\eta}+\frac{1}{2}f\eta=C_0 \tag{2-33}$$

可以证明为了满足边界条件选择 $C_0=0$ 是必需的(更多细节详见附录 2-2)。

有了 $C_0=0$ 这个条件,常微分方程的解可以很容易得到。由式(2-33)可以得到

$$\frac{\mathrm{d}f}{\mathrm{d}\eta}=-\frac{1}{2}f\eta \tag{2-34}$$

方程两边移项整理可得

$$\frac{\mathrm{d}f}{f}=-\frac{1}{2}\eta\mathrm{d}\eta \tag{2-35}$$

左右积分得

$$\ln f=-\frac{1}{4}\eta^2+C' \tag{2-36}$$

可以写成指数形式

$$f(\eta)=C_1\exp\left(-\frac{\eta^2}{4}\right) \tag{2-37}$$

由(2-30)有:$\int_{-\infty}^{\infty}C_1\exp\left(-\frac{\eta^2}{4}\right)\mathrm{d}\eta=1$

引入 $\zeta=\frac{\eta}{2}$ 得到

$$\zeta^2=\frac{\eta^2}{4} \tag{2-38}$$

$$\mathrm{d}\zeta=\frac{\mathrm{d}\eta}{2} \tag{2-39}$$

进行坐标代换并且解 C_1 可得:

$$C_1=\frac{1}{2\int_{-\infty}^{\infty}\exp(-\zeta^2)\mathrm{d}\zeta} \tag{2-40}$$

查阅积分表可得 $C_1=\frac{1}{2\sqrt{\pi}}$

因此：

$$f(\eta)=\frac{1}{2\sqrt{\pi}}\exp\left(-\frac{\eta^2}{4}\right) \tag{2-41}$$

代换式(2-21)中的 f 得到：

$$C(x, t)=\frac{M}{A\sqrt{4\pi Dt}}\exp\left(-\frac{x^2}{4Dt}\right) \tag{2-42}$$

这是环境流体力学中的经典结论，也是会贯穿整本书的方程式。

2-4-2　静止水体中一维扩散方程求解结果的分析

一、均值及方差

利用式(2-42)可以求解任意时刻沿 x 轴方向的浓度。不难看出，式(2-42)正是高斯分布的表达式。若以时间 t 为参数，画出浓度沿 x 轴的分布，如图 2-4 所示。由图可见，随着时间的增长，扩散范围变宽而峰值浓度变低，浓度分布曲线愈趋扁平。在 t 接近于零时，峰值浓度最大。

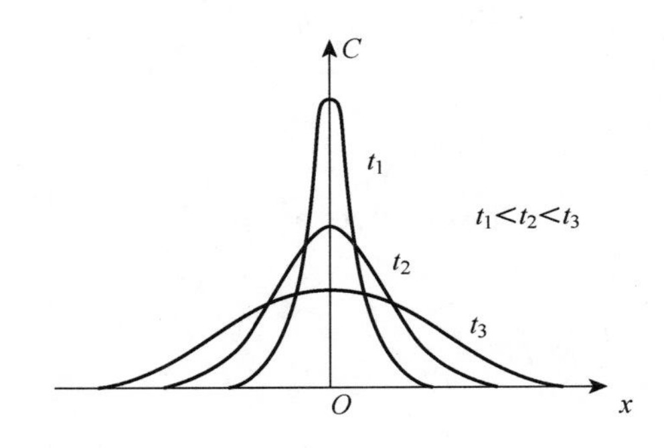

图 2-4　静止水体中瞬时点源浓度沿 x 轴的分布图

若将浓度 C 看成随机变量，可求出关于 C 的各阶原点矩，表示为 M_n（n 为阶数）如下：

$$\text{零阶浓度原点矩 } M_0=\int_{-\infty}^{\infty}x^0C(x, t)\mathrm{d}x=\int_{-\infty}^{\infty}C(x, t)\mathrm{d}x \tag{2-43}$$

$$\text{一阶浓度原点矩 } M_1=\int_{-\infty}^{\infty}x^1C(x, t)\mathrm{d}x=\int_{-\infty}^{\infty}xC(x, t)\mathrm{d}x \tag{2-44}$$

$$\text{二阶浓度原点矩 } M_2=\int_{-\infty}^{\infty}x^2C(x, t)\mathrm{d}x \tag{2-45}$$

$$\text{三阶浓度原点矩 } M_3=\int_{-\infty}^{\infty}x^3C(x, t)\mathrm{d}x \tag{2-46}$$

从上面的定义不难看出，零阶浓度矩是代表浓度分布曲线与 x 轴所包围的面积，也就是全部扩散物质的质量，因此对任何时刻零阶浓度矩 M_0 保持为常数。令 μ 为浓度分布曲线的重心距 x 轴坐标原点的距离，则

$$\mu=\frac{\int_{-\infty}^{\infty}xC(x,\ t)\mathrm{d}x}{\int_{-\infty}^{\infty}C(x,\ t)\mathrm{d}x}=\frac{M_1}{M_0} \tag{2-47}$$

一阶浓度原点矩为随机变量 C 的数学期望（均值）。若将 x 轴坐标原点取在源平面处，此时一阶浓度原点矩为零，质量中心坐标 $\mu=0$，浓度分布曲线是以通过 $x=0$ 的纵轴为对称轴。

令 σ^2 为浓度分布的方差，则

$$\sigma^2=\frac{\int_{-\infty}^{\infty}(x-\mu)^2C(x,\ t)\mathrm{d}x}{\int_{-\infty}^{\infty}C(x,\ t)\mathrm{d}x}=\frac{M_2}{M_0}-\mu^2 \tag{2-48}$$

方差是衡量浓度分布曲线扩展宽度的一种尺度。σ^2 越小，表示曲线趋于集中在均值附近。把浓度分布函数式(2-42)代入式(2-48)并积分可求得方差 σ^2 和标准差 σ：

$$\sigma^2=2Dt\quad 或\quad \sigma=\sqrt{2Dt} \tag{2-49}$$

上式说明方差是随时间 t 的增加而增大，时间愈久，扩散宽度愈大。图 2-5 所示为不同标准差的浓度分布形态。

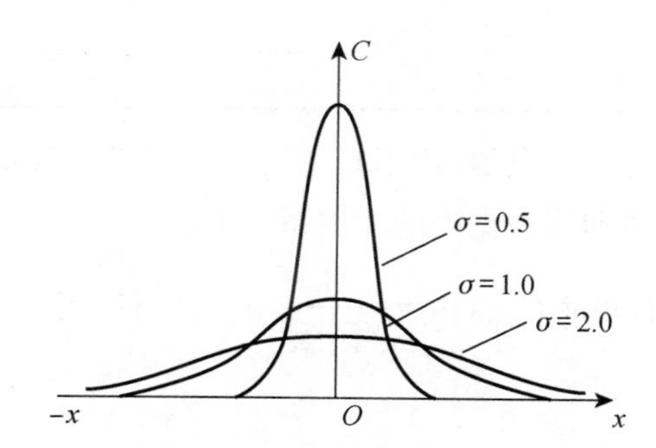

图 2-5　静止水体中瞬时点源不同标准差的浓度分布图

因浓度分布曲线的标准差随时间而变，若将式(2-49)对时间求偏导数得

$$\frac{\mathrm{d}(\sigma^2)}{\mathrm{d}t}=2D \tag{2-50}$$

若在一个不长的时间间隔内，以差分代替微分，得到

$$D=\frac{1}{2}\frac{\sigma_2^2-\sigma_1^2}{t_2-t_1} \tag{2-51}$$

若已知不同时刻的浓度分布，应用上式即可计算分子扩散系数值。从理论上讲，浓度分布曲线 x 轴向两端应延伸至无穷远处，但可以证明，在以对称轴为中心的分布宽度为 4σ 的范围内，分布曲线与 x 轴所围的面积可以达到总面积的 95%，如图 2-6 及表 2-3 所示。所以从实用观点考虑，可认为其分布宽度等于 4σ，如果坐标原点与源平面重合，则曲线的分布区间可认为是 $(-2\sigma,\ 2\sigma)$，若坐标原点与源平面不重合而相距 μ，则曲线的分布区间可认为是 $(\mu-2\sigma,\ \mu+2\sigma)$。

将标准差关系式(2-49)代入浓度公式(2-42)，得到

$$C(x,\ t)=\frac{M}{\sigma\sqrt{2\pi}}\exp\left(-\frac{x^2}{2\sigma^2}\right) \tag{2-52}$$

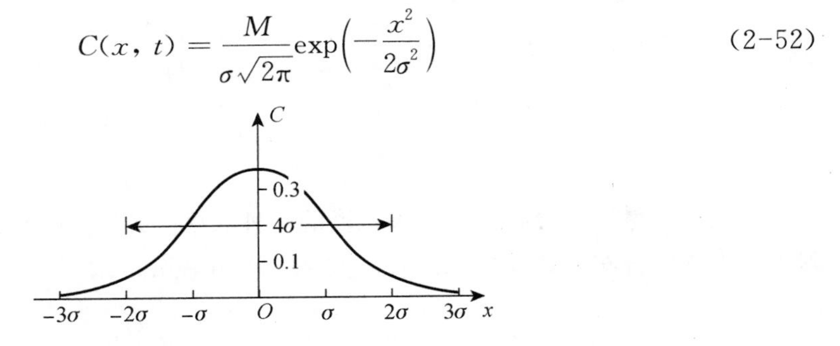

图 2-6　静止水体中瞬时点源扩散解的方差分布

表 2-3　静止水体中瞬时点源扩散解的方差分布

分布宽度	σ	2σ	4σ	5σ
曲线与 x 轴所围面积百分比	0.383 0	0.682 6	0.954 6	0.987 6

例 2-3　对于一维瞬时扩散点源，比率 C/C_{max} 可以写成参数 α 的公式，使它满足 $x=\alpha\sigma$。试运用该公式估算浓度曲线数据中的扩散系数 D。

解：从前面的例子我们知道 $C_{max}(t)=\dfrac{M}{\sqrt{4\pi Dt}}$，因此我们可以将式(2-42)改写成

$$\frac{C(x,\ t)}{C_{max}(t)}=\exp\left(-\frac{x^2}{4Dt}\right)$$

我们将 $\sigma=\sqrt{2Dt}$ 和 $x=\alpha\sigma$ 代入上式得到 $\dfrac{C(x,\ t)}{C_{max}(t)}=\exp\left(-\dfrac{\alpha^2}{2}\right)$。这里 α 是一个参数，如取 $\alpha=1.0$，即 $x=\sigma$，这时，$\dfrac{C(x,\ t)}{C_{max}(t)}=\exp\left(-\dfrac{1}{2}\right)=0.61$。在标准化后的浓度曲线上找到 $\dfrac{C(x,\ t)}{C_{max}(t)}=0.61$ 的点并用他们度量 σ 值。然后我们可以根据 $\sigma=\sqrt{2Dt}$ 和 t 的值估算扩散系数 D。

§2-5　静止水体中瞬时点源在二维及三维空间的扩散

将瞬时源投放于宽浅的河流或湖泊上，则污染物的扩散可由二维扩散方程$\frac{\partial C}{\partial t}=D_x\frac{\partial^2 C}{\partial x^2}+D_y\frac{\partial^2 C}{\partial y^2}$描述，相当于无限长瞬时线源的扩散。

卡斯若(Carslaw)等人曾做过理论推导，认为在不同方向上的扩散没有相互影响。令xoy平面上任意点的浓度$C(x, y, t)$，可由两部分浓度$C_1(x, t)$和$C_2(y, t)$的乘积构成，则$C(x, y, t)=C_1(x, t)C_2(y, t)$，

将其带入扩散方程，得到

$$C_1\frac{\partial C_2}{\partial t}+C_2\frac{\partial C_1}{\partial t}=D_xC_2\frac{\partial^2 C_1}{\partial x^2}+D_yC_1\frac{\partial^2 C_2}{\partial y^2}$$

整理得，
$$C_1\left(\frac{\partial C_2}{\partial t}-D_y\frac{\partial^2 C_2}{\partial y^2}\right)+C_2\left(\frac{\partial C_1}{\partial t}-D_x\frac{\partial^2 C_1}{\partial x^2}\right)=0$$

因$C_1>0$，$C_2>0$和浓度分布的对称性，必有

$$\frac{\partial C_1}{\partial t}-D_x\frac{\partial^2 C_1}{\partial x^2}=0,\quad \frac{\partial C_2}{\partial t}-D_y\frac{\partial^2 C_2}{\partial y^2}=0$$

可以看出，$C_1(x, t)$和$C_2(y, t)$为各自满足静止水体中瞬时点源一维扩散方程的解，即

$$C_1(x, t)=\frac{M}{\sqrt{4\pi D_x t}}\exp\left(-\frac{x^2}{4D_x t}\right)\quad C_2(y, t)=\frac{M}{\sqrt{4\pi D_y t}}\exp\left(-\frac{y^2}{4D_y t}\right)$$

$$C(x, y, t)=C_1(x, t)C_2(y, t)=\frac{M}{4\pi t\sqrt{D_xD_y}}\exp\left(-\frac{x^2}{4D_x t}-\frac{y^2}{4D_y t}\right)\tag{2-53}$$

其中$M=\int_{-\infty}^{\infty}\int_{-\infty}^{\infty}C(x, y, t)\mathrm{d}x\mathrm{d}y$

M为瞬时投放的质量。俯视其浓度线为同心圆，源点处浓度最大，随着离源点的距离增加，浓度成负指数函数衰减。

演绎到三维空间，Fischer 等人(1979)给出了下式：

$$C(x, y, z, t)=\frac{M}{4\pi t\sqrt{4\pi D_xD_yD_z t}}\exp\left(-\frac{x^2}{4D_x t}-\frac{y^2}{4D_y t}-\frac{z^2}{4D_z t}\right)\tag{2-54}$$

其中$M=\int_{-\infty}^{\infty}\int_{-\infty}^{\infty}\int_{-\infty}^{\infty}C(x, y, z, t)\mathrm{d}x\mathrm{d}y\mathrm{d}z$

例 2-4 浓度分布式分别为下列两种情况下，求出最大浓度的表达式及最大浓度出现在什么位置。

(1) 浓度分布式采用式(2-54)给出的三维瞬时点源公式；

(2) 浓度分布式为 $C(x, t)=\dfrac{C_0}{2}\left[1-\mathrm{erf}\left(\dfrac{x}{\sqrt{4Dt}}\right)\right]$(一维起始无限分布源扩散的浓度分布)。

解:

(1) 最大浓度是：$C_{\max}(t)=\dfrac{M}{4\pi t\sqrt{4\pi D_x D_y D_z t}}$。最大浓度出现在指数等于 0 的点，因此 $C_{\max}(x, y, z)=C(0, 0, 0)$。

(2) 误差函数的定义域是$(-\infty, +\infty)$，值的区间是$[-1, 1]$。最大浓度出现在 $\mathrm{erf}\left(\dfrac{x}{\sqrt{4Dt}}\right)=-1$ 的点上，而且 $C_{\max}(t)=C_0$。当误差函数的参数趋向于$-\infty$时出现最大浓度 $C_{\max}$。在 $t=0$ 时，最大浓度出现在所有 $x<0$ 的点上；当 $t>0$ 时，最大浓度只出现在 $x=-\infty$这一点上。

§2-6 静止水体中瞬时分布源的扩散

本节研究周围水体处于静止状态时，瞬时投放的污染物不是集中在一点，而是分布在一定的空间范围内，称为瞬时分布源。仍从一维问题开始，然后利用一维的结果扩大到二维、三维问题上去。

2-6-1 一维起始无限分布源的扩散

如图 2-7，一根无限长的管道中，左半部完全被污染液体充满且每点的初始浓度相同，均为 C_0，管道右半部为清水，这样的污染源称一维起始无限分布源。研究其沿 x 方向的扩散规律。

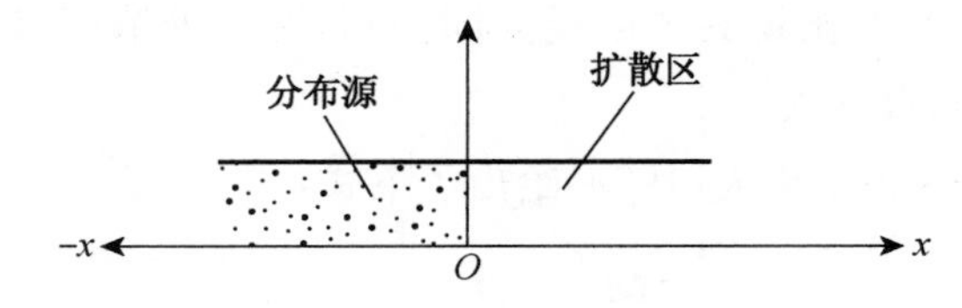

图 2-7 一维起始无限分布源的扩散

取 x 轴与管道中心线平行，坐标原点 O 设在分界面处，管道 O 点以左为浓度均匀的含有污染物质的连续体，可以把这个连续体看作由无数个微小的污染面源（微元）$d\xi$ 组成，每个微元的质量为 $C_0 d\xi$，C_0 为源的起始浓度，对每个微元来说它都要向右扩散，如图 2-8 所示。设 O 点右面有一点 p，p 到 O 点距离为 x，到某个污染微元的距离为 ξ，在指定时刻 p 点的浓度 $C(x, t)$ 应该等于左面各微小污染源 $C_0 d\xi$ 扩散到 p 点的浓度 dC 的迭加，根据瞬时平面源一维扩散解，任意一个微小污染源扩散到 p 点的浓度 dC 为

$$dC(\xi, t) = \frac{C_0 d\xi}{\sqrt{4\pi Dt}} \exp\left(-\frac{\xi^2}{4Dt}\right) \tag{2-55}$$

由左半部无限多个微小面源引起的 p 点浓度

$$C(x, t) = \int_x^{\infty} \frac{C_0 d\xi}{\sqrt{4\pi Dt}} \exp\left(-\frac{\xi^2}{4Dt}\right) = \int_x^{\infty} \frac{C_0}{\sqrt{\pi}} \exp\left(-\frac{\xi^2}{4Dt}\right) d\left(\frac{\xi}{\sqrt{4Dt}}\right)$$

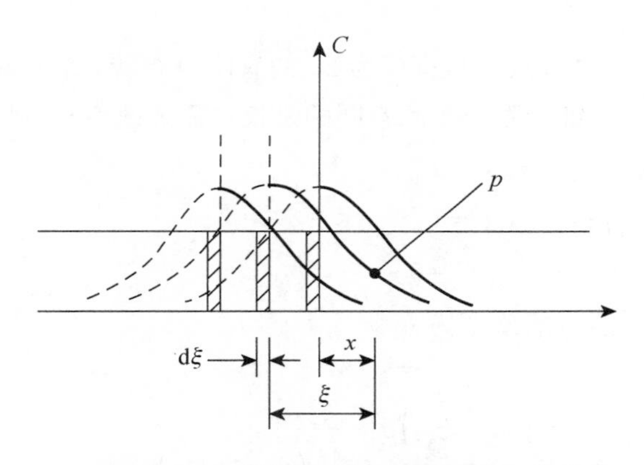

图 2-8　一维起始无限分布源扩散的解推导附图

引入余误差函数 $\mathrm{erfc}(x)$（详见附录 2-1），令 $z = \frac{\xi}{\sqrt{4Dt}}$，则

$$\text{上式} = \int_{\frac{x}{\sqrt{4Dt}}}^{\infty} \frac{C_0}{\sqrt{\pi}} \exp(-z^2) dz = \frac{C_0}{\sqrt{\pi}} \frac{\sqrt{\pi}}{2} \mathrm{erfc}\left(\frac{x}{\sqrt{4Dt}}\right)$$

则

$$C(x, t) = \frac{C_0}{2} \mathrm{erfc}\left(\frac{x}{\sqrt{4Dt}}\right) \tag{2-56}$$

$$\frac{C(x, t)}{C_0} = \frac{\mathrm{erfc}\left(\frac{x}{2\sqrt{Dt}}\right)}{2} \tag{2-57}$$

当 $\frac{x}{2\sqrt{Dt}} = -2.0$ 时，$\frac{C}{C_0} = 0.99766 \approx 1$

图 2-9 描述当 $C_0=1$ 时浓度分布随时间增长的变化曲线。

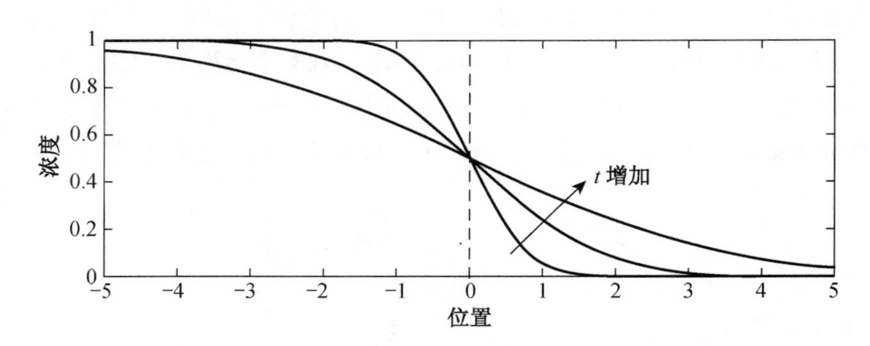

图 2-9　静止水体中瞬时分布源在 $C_0=1$ 时的浓度分布图

2-6-2　一维起始有限分布源的扩散

沿 x 轴有一起始浓度均匀、分布宽度为 $2a$ 的有限分布源，将 x 轴的零点设在有限分布源的中心。该问题与一维无限分布源不同的是仅仅需要改变积分区间。

初始条件：$t=0$ 时，$|x|\leqslant a$，$C=C_0$；

$|x|>a$，$C=0$。

边界条件：$t>0$ 时，$|x|\to\infty$，$C=0$。

设 x 轴扩散区间任意点的浓度为

$$
\begin{aligned}
C(x,\ t) &= \int_{x-a}^{x+a}\frac{C_0}{\sqrt{\pi}}\exp\left(-\frac{\xi^2}{4Dt}\right)\mathrm{d}\left(\frac{\xi}{\sqrt{4Dt}}\right)\\
&= \int_{0}^{x+a}\frac{C_0}{\sqrt{\pi}}\exp\left(-\frac{\xi^2}{4Dt}\right)\mathrm{d}\left(\frac{\xi}{\sqrt{4Dt}}\right)+\int_{x-a}^{0}\frac{C_0}{\sqrt{\pi}}\exp\left(-\frac{\xi^2}{4Dt}\right)\mathrm{d}\left(\frac{\xi}{\sqrt{4Dt}}\right)\\
&= \int_{0}^{x+a}\frac{C_0}{\sqrt{\pi}}\exp\left(-\frac{\xi^2}{4Dt}\right)\mathrm{d}\left(\frac{\xi}{\sqrt{4Dt}}\right)-\int_{0}^{x-a}\frac{C_0}{\sqrt{\pi}}\exp\left(-\frac{\xi^2}{4Dt}\right)\mathrm{d}\left(\frac{\xi}{\sqrt{4Dt}}\right)\\
&= \int_{0}^{\frac{x+a}{\sqrt{4Dt}}}\frac{C_0}{\sqrt{\pi}}\exp(-z^2)\mathrm{d}z-\int_{0}^{\frac{x-a}{\sqrt{4Dt}}}\frac{C_0}{\sqrt{\pi}}\exp(-z^2)\mathrm{d}z\\
&= \frac{C_0}{\sqrt{\pi}}\frac{\sqrt{\pi}}{2}\mathrm{erf}\left(\frac{x+a}{\sqrt{4Dt}}\right)-\frac{C_0}{\sqrt{\pi}}\frac{\sqrt{\pi}}{2}\mathrm{erf}\left(\frac{x-a}{\sqrt{4Dt}}\right)\\
&= \frac{C_0}{2}\left[\mathrm{erf}\left(\frac{x+a}{\sqrt{4Dt}}\right)-\mathrm{erf}\left(\frac{x-a}{\sqrt{4Dt}}\right)\right]\\
&= \frac{C_0}{2}\left[\mathrm{erf}\left(\frac{a+x}{\sqrt{4Dt}}\right)+\mathrm{erf}\left(\frac{a-x}{\sqrt{4Dt}}\right)\right]
\end{aligned}
$$

或

$$\frac{C(x,\ t)}{C_0}=\frac{1}{2}\left[\mathrm{erf}\left(\frac{x+a}{\sqrt{4Dt}}\right)+\mathrm{erf}\left(\frac{a-x}{\sqrt{4Dt}}\right)\right] \tag{2-58}$$

例 2-5　医生给一个过敏反应患者静脉注射抗过敏药，注射总共耗时 T。血液在静脉中的平均流速为 u，血液流经一个长 $L=uT$ 且有注射药物的区域，药物在血液中的浓度为 C_0（参见如下示意图），当药物在 75 秒后到达心脏时，其在静脉中的分布如何？

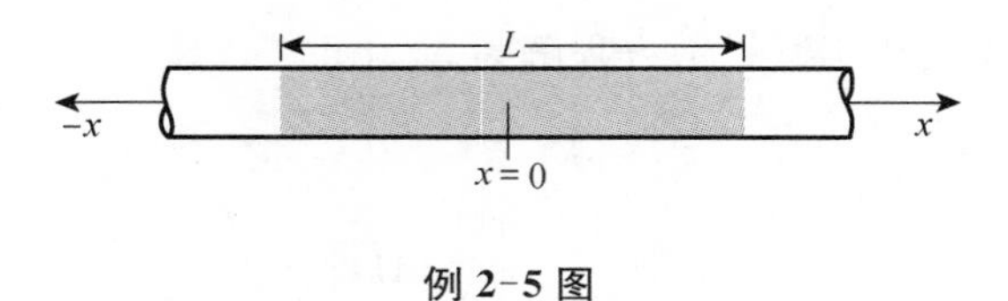

例 2-5 图

解：这是一个初始空间浓度分布问题，取分布的中心点 $x=0$，让坐标系随血液以平均流速 u 移动。因此，我们得到初始的浓度分布为

$$C(x,\ t_0)=\begin{cases}C_0 & -L/2\leqslant x\leqslant L/2\\ 0 & x>L/2 \text{ 或 } x<-L/2\end{cases}$$

叠加解为 $C(x,\ t)=\int_{-L/2}^{L/2}\frac{C_0\mathrm{d}\xi}{\sqrt{4\pi Dt}}\exp\left(-\frac{(x-\xi)^2}{4Dt}\right)$

可以展开成

$$C(x,\ t)=\frac{C_0}{\sqrt{4\pi Dt}}\left[\int_{-\infty}^{L/2}\exp\left(-\frac{(x-\xi)^2}{4Dt}\right)\mathrm{d}\xi-\int_{-\infty}^{-L/2}\exp\left(-\frac{(x-\xi)^2}{4Dt}\right)\mathrm{d}\xi\right]$$

化简可得 $C(x,\ t)=\frac{C_0}{2}\left[\mathrm{erf}\left(\frac{x+L/2}{\sqrt{4Dt}}\right)-\mathrm{erf}\left(\frac{x-L/2}{\sqrt{4Dt}}\right)\right]$

将 $t=75$ s 代入可得当注射的药品到达心脏后的浓度分布。

2-6-3　二维起始有限分布源的扩散

二维起始有限分布源，就是瞬时有限线源。

初始条件 $t=0$ 时，$|x|\leqslant a$，$|y|\leqslant b$，$C=C_0$，$|x|>a$，$|y|>b$，$C=0$

边界条件 $t>0$ 时，$|x|\to\infty$，$|y|\to\infty$，$C=0$

解为

$$C(x,\ y,\ t)=\frac{C_0}{4}\left[\mathrm{erf}\left(\frac{x+a}{\sqrt{4Dt}}\right)+\mathrm{erf}\left(\frac{a-x}{\sqrt{4Dt}}\right)\right]\left[\mathrm{erf}\left(\frac{x+b}{\sqrt{4Dt}}\right)+\mathrm{erf}\left(\frac{b-x}{\sqrt{4Dt}}\right)\right] \tag{2-59}$$

2-6-4 三维起始有限分布源的扩散

三维起始有限分布源即瞬时有限体积源。设有限体积源为立方体，在 x、y、z 三方向的尺度为 $2a$、$2b$、$2d$，把坐标原点取在体积源的中心，则求解的条件为：

初始条件 $t=0$ 时，$|x|\leqslant a$，$|y|\leqslant b$，$|z|\leqslant d$，$C=C_0$，$|x|>a$，$|y|>b$，$|z|>d$，$C=0$

边界条件 $t>0$ 时，$|x|\to\infty$时，$C=0$；$|y|\to\infty$时，$C=0$；$|z|\to\infty$时，$C=0$。

在上述定解条件下可求出其扩散方程解为

$$C(x,\ y,\ z,\ t)=\frac{C_0}{8}\left[\operatorname{erf}\left(\frac{x+a}{\sqrt{4Dt}}\right)+\operatorname{erf}\left(\frac{a-x}{\sqrt{4Dt}}\right)\right]\left[\operatorname{erf}\left(\frac{y+b}{\sqrt{4Dt}}\right)+\operatorname{erf}\left(\frac{b-y}{\sqrt{4Dt}}\right)\right]\left[\operatorname{erf}\left(\frac{z+d}{\sqrt{4Dt}}\right)+\operatorname{erf}\left(\frac{d-z}{\sqrt{4Dt}}\right)\right] \tag{2-60}$$

在进行浓度分布计算中，需要利用误差函数值，为方便已将误差函数列于附录 2-1 中以供查用。

§2-7 静止水体中时间连续源的扩散

时间连续源：污染物质的投放不是一次瞬时完成，而是持续一定时间，这样的污染源称为时间连续源。先讨论一种简单情况，即单位时间投放的污染物质量保持固定不变。以后章节如无特殊说明，均指污染物排放的强度不变的情况。

2-7-1 时间连续点源的一维扩散(等强度连续点源的一维扩散)

时间连续点源沿一维空间(x 方向)扩散，将坐标原点 O 取在点源中心，初始时刻整个轴上(除 O 点)浓度为零，在 $x=0$ 处浓度突然增加到 C_0，而随时间延长，在 $x=0$ 处浓度一直保持不变，推求时间连续源引起的浓度分布函数 $C(x,\ t)$。本问题仍当应用一维扩散方程 $\frac{\partial C}{\partial t}=D\frac{\partial^2 C}{\partial x^2}$

初始条件 $t=0$，$C|_{|x|>0}=0$，$C|_{x=0}=C_0$

边界条件 $x=0$，$C|_{t>0}=C_0$

由量纲分析，组成无量纲变量 $\frac{x}{\sqrt{Dt}}$，并假定解具有如下形式：$C=C_0\varphi\left(\frac{x}{\sqrt{Dt}}\right)$

C_0为恒定时间连续源的投放浓度(C_0=常数),φ 为变量$\frac{x}{\sqrt{Dt}}$的待定函数。

令 $\xi=\frac{x}{\sqrt{Dt}}$,则 $C=C_0\varphi(\xi)$,

$$\frac{\partial C}{\partial t}=C_0\frac{\mathrm{d}\varphi}{\mathrm{d}\xi}\frac{\partial \xi}{\partial t} \tag{2-61}$$

而

$$\frac{\partial \xi}{\partial t}=-\frac{1}{2t}\frac{x}{\sqrt{Dt}}=-\frac{\xi}{2t} \tag{2-62}$$

将上式带入式(2-61)得

$$\frac{\partial C}{\partial t}=C_0\left(-\frac{\xi}{2t}\right)\frac{\mathrm{d}\varphi}{\mathrm{d}\xi}$$

而$\frac{\partial C}{\partial x}=C_0\frac{\mathrm{d}\varphi}{\mathrm{d}\xi}\frac{\partial \xi}{\partial x}$,则

$$\frac{\partial^2 C}{\partial x^2}=C_0\left(\frac{\partial^2 \xi}{\partial x^2}\frac{\mathrm{d}\varphi}{\mathrm{d}\xi}+\frac{\partial \xi}{\partial x}\frac{\mathrm{d}^2\varphi}{\mathrm{d}\xi^2}\frac{\partial \xi}{\partial x}\right)$$

由于$\frac{\partial \xi}{\partial x}=\frac{1}{\sqrt{Dt}}$, $\frac{\partial^2 \xi}{\partial x^2}=0$

故$\frac{\partial^2 C}{\partial x^2}=C_0\left(\frac{\partial \xi}{\partial x}\right)^2\frac{\mathrm{d}^2\varphi}{\mathrm{d}\xi^2}=C_0\frac{1}{Dt}\frac{\mathrm{d}^2\varphi}{\mathrm{d}\xi^2}$

代入一维扩散方程,化简后得到

$$\frac{\mathrm{d}^2\varphi}{\mathrm{d}\xi^2}+\frac{1}{2}\xi\frac{\mathrm{d}\varphi}{\mathrm{d}\xi}=0 \tag{2-63}$$

经过变换后把扩散方程变成了常微分方程,求解方程所要满足的边界条件为 $x=0$, $\varphi=1$; $x=\infty$, $\varphi=0$。

因为扩散具有对称性,$C(-x, t)=C(x, t)$,只需要考虑 x 正方向即可。

解得

$$\varphi=\mathrm{erfc}\left(\frac{x}{2\sqrt{Dt}}\right)(x>0) \tag{2-64}$$

推导过程详见附录 2-4。

按照式(2-64)以 t 为参数画出相对浓度 C/C_0 沿 x 轴分布如图 2-10 所示。

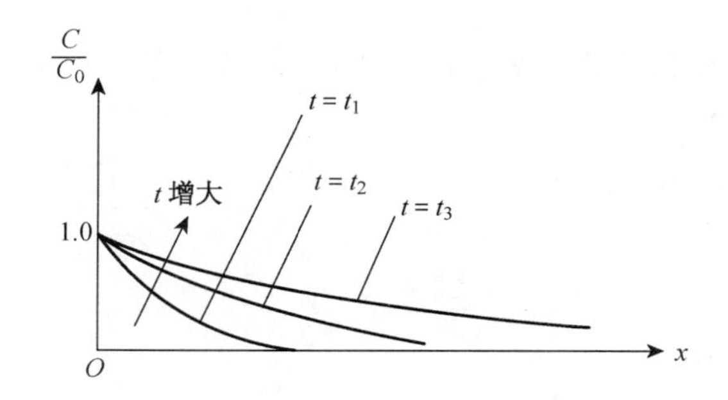

图 2-10　相对浓度 C/C_0 沿 x 轴分布图

例 2-6　时间连续点源沿一维空间(x 方向)扩散，将坐标原点 O 取在点源中心，单位时间投放的污染物质量为 m 且恒定不变，把连续时间 τ 看成许多时间单元 $\mathrm{d}\tau$ 组成，时段 $\mathrm{d}\tau$ 内投放的质量为 $m\mathrm{d}\tau$，可以把时间连续源看做是无限多个 $m\mathrm{d}\tau$ 所组成的瞬时点源的叠加。求时间连续点源一维扩散的解析解形式。

解：根据瞬时点源的解 $C=\dfrac{M}{\sqrt{4\pi Dt}}\exp\left(-\dfrac{x^2}{4Dt}\right)=\dfrac{M}{\sqrt{2\pi\sigma}}\exp\left(-\dfrac{6^2}{2}\right)$，注意：上式中 σ 并非常数，而与时间 t 有关。对任意时刻 t 的浓度所要求的 σ 值等于$\sqrt{2D(t-\tau)}$，$(t-\tau)$为时间间隔，τ 为投放时刻，t 为所求时刻。

当 $\tau=0$ 时，$\sigma=\sqrt{2Dt}$，为瞬时点源；

当 $\tau=t$ 时，$\sigma=0$，未扩散。

在 $\mathrm{d}\tau$ 时段内投放的质量 $\mathrm{d}M=m\mathrm{d}\tau$，该质量在 x 断面引起的浓度变化为

$$\mathrm{d}C=\frac{\mathrm{d}M}{\sqrt{4\pi D(t-\tau)}}\exp\left(-\frac{x^2}{4D(t-\tau)}\right)$$

故

$$C=\int_0^t \mathrm{d}C=\int_0^t\frac{m\mathrm{d}\tau}{\sqrt{4\pi D(t-\tau)}}\exp\left(-\frac{x^2}{4D(t-\tau)}\right)\qquad(例\ 2\text{-}6\text{-}1)$$

令 $z=\dfrac{x}{\sqrt{4D(t-\tau)}}$，则

$$\mathrm{d}z=\mathrm{d}\left(\frac{x}{\sqrt{4D(t-\tau)}}\right)=\frac{x}{\sqrt{4D}}\left[-\frac{1}{2}(t-\tau)^{-\frac{3}{2}}(-\mathrm{d}\tau)\right],\ \mathrm{d}\tau=\frac{2\sqrt{4D}}{x}(t-\tau)^{\frac{3}{2}}\mathrm{d}z$$

当 $\tau=t$ 时，$z=\infty$；当 $\tau=0$ 时，$z=\dfrac{x}{\sqrt{4Dt}}$

故式(例 2-6-1)成为

$$C=\int_{\frac{x}{\sqrt{4Dt}}}^{\infty}\frac{m}{\sqrt{4\pi D(t-\tau)}}\exp(-z^2)\frac{2\sqrt{4D}}{x}(t-\tau)^{\frac{3}{2}}\mathrm{d}z$$

$$=\int_{\frac{x}{\sqrt{4Dt}}}^{\infty}\frac{m}{\sqrt{\pi}}\exp(-z^2)\frac{2}{x}(t-\tau)\mathrm{d}z=\frac{2mx}{4D\sqrt{\pi}}\int_{\frac{x}{\sqrt{4Dt}}}^{\infty}\frac{4D(t-\tau)}{x^2}\exp(-z^2)\mathrm{d}z$$

$$=\frac{mx}{4D}\frac{2}{\sqrt{\pi}}\int_{\frac{x}{\sqrt{4Dt}}}^{\infty}\frac{1}{z^2}\exp(-z^2)\mathrm{d}z$$

采用分部积分法

$$C=\frac{mx}{4D}\frac{2}{\sqrt{\pi}}\int_{\infty}^{\frac{x}{\sqrt{4Dt}}}\exp(-z^2)\mathrm{d}\left(\frac{1}{z}\right),（因为\ \mathrm{d}\left(\frac{1}{z}\right)=-\frac{1}{z^2}\mathrm{d}z），$$

$$C=\frac{mx}{4D}\left[\frac{2}{\sqrt{\pi}}\frac{1}{z}\exp(-z^2)\Bigg|_{\infty}^{\frac{x}{\sqrt{4Dt}}}+\frac{2}{\sqrt{\pi}}\int_{\frac{x}{\sqrt{4Dt}}}^{\infty}\frac{1}{z}\exp(-z^2)(-2z)\mathrm{d}z\right]$$

$$=\frac{mx}{4D}\left[\frac{2}{\sqrt{\pi}}\frac{\sqrt{4Dt}}{x}\exp\left(-\frac{x^2}{4Dt}\right)-2\mathrm{erfc}\left(\frac{x}{\sqrt{4Dt}}\right)\right]$$

故 $C=\frac{m\sqrt{t}}{\sqrt{D\pi}}\left[\exp\left(-\frac{x^2}{4Dt}\right)\right]-\frac{mx}{2D}\left[\mathrm{erfc}\left(\frac{x}{\sqrt{4Dt}}\right)\right]$。

时间连续点源的污染范围和浓度均随时间增加而增大，如图所示。

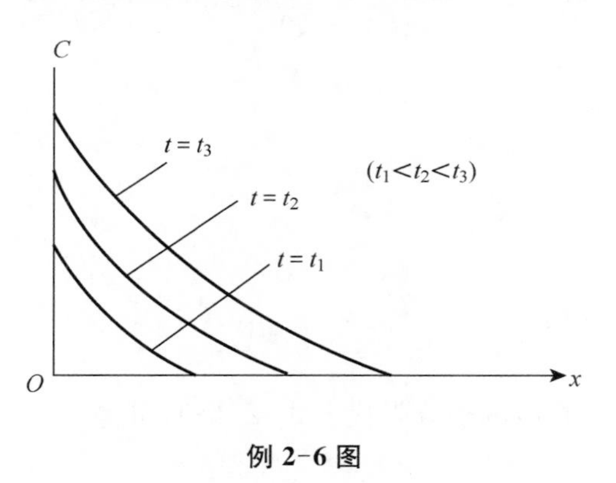

例 2-6 图

2-7-2　时间连续点源的三维扩散

对于时间连续源的三维扩散，考虑点源在三维空间扩散，因而满足三维扩散方程：

$$\frac{\partial C}{\partial t}=D\left(\frac{\partial^2 C}{\partial x^2}+\frac{\partial^2 C}{\partial y^2}+\frac{\partial^2 C}{\partial z^2}\right)$$

前面已经讨论过，瞬时点源在三维空间扩散的浓度分布函数为

$$C(x,\ y,\ z,\ t)=\frac{M}{8(\pi t)^{3/2}(D_xD_yD_z)^{1/2}}\exp\left(-\frac{x^2}{4D_xt}-\frac{y^2}{4D_yt}-\frac{z^2}{4D_zt}\right) \tag{2-65}$$

对各向同性情况 $D_x=D_y=D_z=D$，令 $r^2=x^2+y^2+z^2$ 且因 $\sigma=\sqrt{2Dt}$，式(2-65)可变为

$$C=\frac{M}{(\sqrt{2\pi}\sigma)^3}\exp\left(-\frac{r^2}{2\sigma^2}\right) \tag{2-66}$$

令单位时间投放的质量为 m 且恒定不变，把连续时间 τ 看成许多时间单元 $\mathrm{d}\tau$ 组成，时段 $\mathrm{d}\tau$ 内投放的质量为 $m\mathrm{d}\tau$，可以把时间连续源看做是无限多个 $m\mathrm{d}\tau$ 所组成的瞬时点源的叠加。

根据式(2-66)，对空间任意点，由瞬时点源 $m\mathrm{d}\tau$ 而引起的浓度为

$$\mathrm{d}C=\frac{m\mathrm{d}\tau}{(\sqrt{2\pi}\sigma)^3}\exp\left(-\frac{r^2}{2\sigma^2}\right) \tag{2-67}$$

将上式对时间积分，可得任意点处总浓度

$$C(r,\ t)=\int_0^t \mathrm{d}C=\int_0^t \frac{m}{(\sqrt{2\pi}\sigma)^3}\exp\left(-\frac{r^2}{2\sigma^2}\right)\mathrm{d}\tau \tag{2-68}$$

同例 2-6，$\sigma=\sqrt{2D(t-\tau)}$

$$C(r,\ t)=\int_0^t \frac{m}{[\sqrt{4\pi D(t-\tau)}]^3}\exp\left(-\frac{r^2}{4D(t-\tau)}\right)\mathrm{d}\tau$$

令 $\eta=\dfrac{r}{\sqrt{4D(t-\tau)}}$，则

$\tau=0$ 时，$\eta=\dfrac{r}{\sqrt{4Dt}}$；$\tau=t$ 时，$\eta=\infty$。

$\mathrm{d}\eta=\dfrac{r}{\sqrt{4D}}\dfrac{1}{2}(t-\tau)^{-3/2}\mathrm{d}\tau$

将新的变量 η、$\mathrm{d}\eta$ 及相应的积分限代入式(2-68)，可得

$$\begin{aligned}C(r,\ t)&=\int_0^t \mathrm{d}C=\int_0^t \frac{m}{[4\pi D(t-\tau)]^{3/2}}\exp\left(-\frac{r^2}{4D(t-\tau)}\right)\mathrm{d}\tau\\&=\frac{m}{4\pi Dr}\frac{2}{\sqrt{\pi}}\int_{\frac{r}{2\sqrt{Dt}}}^{\infty}\exp(-\eta^2)\mathrm{d}\eta=\frac{m}{4\pi Dr}\mathrm{erfc}\left(\frac{r}{2\sqrt{Dt}}\right)\end{aligned} \tag{2-69}$$

表明等强度连续点源做三维扩散引起的浓度分布符合余误差函数变化。

2-7-3 变强度连续点源的一维扩散

变强度连续点源——连续点源的投放浓度是随时间变化的。解决变强度连续点源一

维扩散的思想是把连续点源看作是由许多强度不等的瞬时源组成，即每个微分时段 $\delta\tau$ 投放的示踪物扩散的浓度 δC 可按瞬时源计算，然后再对时间积分以得变强度连续点源扩散的浓度分布。

设 τ 时刻，$\mathrm{d}\tau$ 微分时段内投放的示踪物强度为 $\delta m=f(\tau)\mathrm{d}\tau$，经历 $t-\tau$ 时段的扩散浓度为

$$
\begin{aligned}
\delta C &= \frac{f(\tau)\mathrm{d}\tau}{\sqrt{4\pi D(t-\tau)}}\exp\left[-\frac{x^2}{4D(t-\tau)}\right] \\
C(x,\ t) &= \int_0^t \delta C = \int_0^t \frac{f(\tau)}{\sqrt{4\pi D(t-\tau)}}\exp\left[-\frac{x^2}{4D(t-\tau)}\right]\mathrm{d}\tau
\end{aligned}
\tag{2-70}
$$

2-7-4　变强度分布连续源的一维扩散

若连续源的投放不是集中在一点，而是分布在一定的空间范围内，称分布连续源。假定 x 轴上 $a\leqslant x\leqslant b$ 范围内有一分布连续源，投放的示踪物的强度为时间和空间的函数，在 $x=\xi$ 处取一微元 $\mathrm{d}\xi$，在 τ 时刻，$\mathrm{d}\tau$ 微元时段内投放的示踪物的量为 $\delta m=f(\xi,\ \tau)\mathrm{d}\xi\mathrm{d}\tau$，则经历 $t-\tau$ 时段在 $x=\xi$ 处的扩散浓度可写成

$$
\begin{aligned}
\delta C &= \frac{f(\xi,\ \tau)}{\sqrt{4\pi D(t-\tau)}}\exp\left[-\frac{(x-\xi)^2}{4D(t-\tau)}\right]\mathrm{d}\xi\mathrm{d}\tau \\
C(x,\ t) &= \int_{a}^{b}\int_{0}^{t} \frac{f(\xi,\ \tau)}{\sqrt{4\pi D(t-\tau)}}\exp\left[-\frac{(x-\xi)^2}{4D(t-\tau)}\right]\mathrm{d}\xi\mathrm{d}\tau
\end{aligned}
\tag{2-71}
$$

具体计算就要看 $f(\xi,\ \tau)$的形式了，如积分困难时可用数值方法计算。对于时间连续源的二维、三维扩散，原则上也可按上述方法看作无数个相应瞬时源扩散的叠加，用相应瞬时源的浓度分布公式进行时间积分计算。

§2-8　层流水体中移流扩散方程的解

2-8-1　瞬时点源的移流扩散

前面所讨论的是假定水体处于静止状态，污染物只有分子扩散，若水体处于流动状态，则水体中不仅有分子扩散的输送，还有对流输送，移流扩散方程形式如式(2-13)，对于大多数实际问题，水流具有明显的主流方向，其 u_y、u_z 可以忽略不计，并且设沿主流 x

方向的速度 $u_x=\bar{u}$，$\bar{u}$ 为纵向平均流速。

求解移流扩散方程(2-13)最简便的方法是通过采用动坐标系，即坐标随水流一起运动，可以把随流扩散问题变为前述的纯扩散问题，从而直接利用扩散方程解的成果。

设观察者随平均流速 $\bar{u}$ 一起运动，对于这样的动坐标系，看到的只有单纯的扩散，而没有移流，即对运动坐标而言，水流速度为零，而新的坐标系 $x'=x-\bar{u}t$，这样可利用纯扩散情况瞬时点源的解，即

$$C=\frac{M}{(\sqrt{4\pi Dt})^3}\exp\left[\frac{-(x-\bar{u}t)^2-y^2-z^2}{4Dt}\right] \tag{2-72}$$

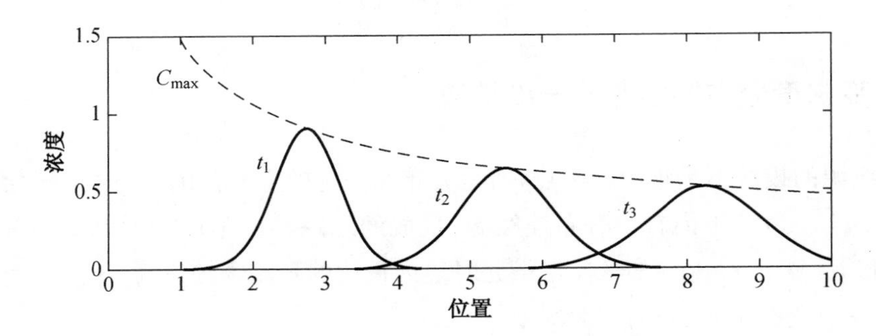

图 2-11　一维移流扩散方程解的示意图。虚线表示当污染云团移向下游的时候的最大浓度

二维问题的解为：

$$C=\frac{M}{4\pi Dt}\exp\left[\left(-\frac{(x-\bar{u}t)^2}{4Dt}-\frac{y^2}{4Dt}\right)\right] \tag{2-73}$$

一维问题的解为：

$$C=\frac{M}{\sqrt{4\pi Dt}}\exp\left[-\frac{(x-\bar{u}t)^2}{4Dt}\right] \tag{2-74}$$

下面我们对移流扩散方程及其解进行讨论。

(1) 从图 2-11 可看出扩散和移流输送差不多同等重要。如果横断面流动强烈(u 很大)，污染云团将只有更少的时间扩展开来，在每个时刻 t_i 污染云团分布会很狭窄。相反，如果扩散更快(D 更大)，污染云团在不同的时刻 t_i 将扩散的更远，图像将会重叠。因而，我们可以看到用 t、D 和 u 组成的函数可以综合考虑扩散与移流的作用，我们通过无量纲数 Peclet 数来表述这个特性。

$$Pe=\frac{D}{u^2t} \tag{2-75}$$

或者考虑到下游位置 $L=ut$

$$Pe=\frac{D}{uL} \tag{2-76}$$

若 $Pe\gg1$，扩散占优势，污染云团扩散比向下游移动快；

若 $Pe\ll1$，移流占优势，污染云团向下游移动比扩散快。

(2) 最大浓度由于扩散在下游方向逐渐减小。图 2-11 也画出了污染云团向下游移动的最大浓度。这是在(2-74)式中指数项为 0 时得到的。在一维情况下，最大浓度按下式减小

$$C_{\max}(t)\propto\frac{1}{\sqrt{t}} \tag{2-77}$$

在二维、三维时分别如式(2-78)、(2-79)所示

$$C_{\max}(t)\propto\frac{1}{t} \tag{2-78}$$

$$C_{\max}(t)\propto\frac{1}{t\sqrt{t}} \tag{2-79}$$

(3) 在污染物传输过程中，通过移流和扩散的特征长度及所对应的时间比例来分析扩散和移流问题。移流(下标 a)和扩散(下标 d)的特征长度及时间比例分别是：

$$L_a=ut;\quad t_a=\frac{L}{u} \tag{2-80}$$

$$L_d=\sqrt{Dt};\quad t_d=\frac{L^2}{D} \tag{2-81}$$

2-8-2　时间连续点源的移流扩散

时间连续点源可以看做是无限多瞬时点源 $m\mathrm{d}\tau$ 的迭加，m 为单位时间投放物质的强度，同样采用动坐标系，引用纯扩散的时间连续点源的积分式

$$C(x,\ y,\ z,\ t)=\int_0^t\frac{m}{(\sqrt{4\pi D(t-\tau)})^3}\exp\left\{-\frac{[x-u(t-\tau)]^2+y^2+z^2}{4D(t-\tau)}\right\}\mathrm{d}\tau \tag{2-82}$$

令 $r=\sqrt{x^2+y^2+z^2}$，$\xi=\dfrac{r}{\sqrt{4D(t-\tau)}}$

则 $t-\tau=\dfrac{r^2}{4D\xi^2}$，$\tau=t-\dfrac{r^2}{4D\xi^2}$，$\mathrm{d}\tau=\dfrac{r^2}{2D\xi^3}\mathrm{d}\xi$

当 $\tau=0$ 时，$\xi=\dfrac{r}{\sqrt{4Dt}}$；$\tau=t$ 时，$\xi=\infty$。

将上述关系代入(2-82)式得

$$C(x,\ y,\ z,\ t)=\int_{\frac{r}{\sqrt{4Dt}}}^{\infty}\frac{m}{\left(4\pi D\dfrac{r^2}{4D\xi^2}\right)^{\frac{3}{2}}}\exp\left[-\frac{x^2+y^2+z^2-2ux\dfrac{r^2}{4D\xi^2}+u^2\left(\dfrac{r^2}{4D\xi^2}\right)^2}{4D\dfrac{r^2}{4D\xi^2}}\right]\frac{r^2}{2D\xi^3}\mathrm{d}\xi$$

$$=\int_{\frac{r}{\sqrt{4Dt}}}^{\infty}\frac{m\xi^3}{r^3\pi^{\frac{3}{2}}}\exp\left[-\frac{r^2\xi^2\left(1-\dfrac{ux}{2D\xi^2}+\dfrac{u^2r^2}{16D^2\xi^4}\right)}{r^2}\right]\frac{r^2}{2D\xi^3}\mathrm{d}\xi$$

$$=\frac{m}{2Dr\pi^{\frac{3}{2}}}\int_{\frac{r}{\sqrt{4Dt}}}^{\infty}\exp\left[-\xi^2+\frac{ux}{2D}-\left(\frac{ur}{4D\xi^2}\right)^2\right]\mathrm{d}\xi$$

(2-83)

令 $\beta=\dfrac{ru}{4D}$，若时间的积分限 $t\rightarrow\infty$，则 $\dfrac{r}{\sqrt{4Dt}}\rightarrow0$，故式(2-83)变换为

$$C(x,\ y,\ z)=\frac{m\exp\left(\dfrac{ux}{2D}\right)}{4\pi Dr}\frac{2}{\sqrt{\pi}}\int_0^{\infty}\exp\left[-\left(\xi^2+\frac{\beta^2}{\xi^2}\right)\right]\mathrm{d}\xi \tag{2-84}$$

式中，

$$\frac{2}{\sqrt{\pi}}\int_0^{\infty}\exp\left[-\left(\xi^2+\frac{\beta^2}{\xi^2}\right)\right]\mathrm{d}\xi=\exp(-2\beta)=\exp\left(-\frac{ru}{2D}\right) \tag{2-85}$$

称为 β 函数。故时间连续点源三维移流扩散的浓度公式为

$$C(x,\ y,\ z)=\frac{m}{4\pi Dr}\exp\left[-\left(\frac{u(r-x)}{2D}\right)\right] \tag{2-86}$$

图 2-12 画出了在均匀流场中仅有 x 方向纵向流速 u 的等浓度分布，横纵坐标分别采用无量纲坐标 $\dfrac{\bar{u}}{D}x$ 及 $\dfrac{\bar{u}}{D}y$，浓度值是采用无量纲浓度 $C^*=\dfrac{4\pi D^2}{m\bar{u}}C$。

图示说明，由于移流作用，沿流动方向把等浓度线拉成了细长形，在点源下游较远处的区域，式(2-86)中 r 值可以下列近似关系代替

$$r=\sqrt{x^2+y^2+z^2}\approx\left(1+\frac{y^2+z^2}{2x^2}\right)x \tag{2-87}$$

由于 $\lim\limits_{x\rightarrow\infty}\dfrac{\sqrt{x^2+y^2+z^2}}{\left(1+\dfrac{y^2+z^2}{2x^2}\right)x}=\lim\limits_{x\rightarrow\infty}\dfrac{\sqrt{1+\dfrac{y^2+z^2}{2x^2}}}{\left(1+\dfrac{y^2+z^2}{2x^2}\right)}\xrightarrow{\text{令}\frac{y^2+z^2}{2x^2}=\xi}\lim\limits_{\xi\rightarrow0}\dfrac{\sqrt{1+\xi}}{\left(1+\dfrac{\xi}{2}\right)}=1$

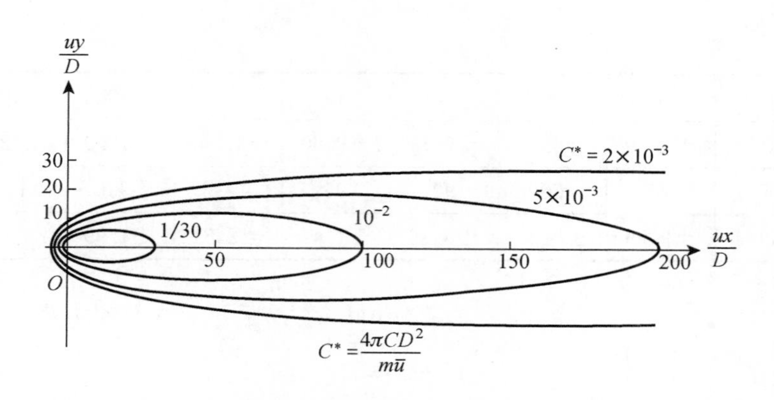

图 2-12　时间连续点源三维扩散的等浓度线

或 $r-x\approx\dfrac{y^2+z^2}{2x^2}$ 及 $r\approx x$

从而时间连续点源三维移流扩散的浓度公式(2-86)可以用下面简化公式代替

$$C(x,\ y,\ z)=\frac{m}{4\pi Dx}\exp\left[-\left(\frac{\bar{u}(y^2+z^2)}{4Dx}\right)\right] \tag{2-88}$$

时间连续线源二维移流扩散方程的解为：

$$C(x,\ y)=\frac{m}{\bar{u}\sqrt{4\pi Dx/\bar{u}}}\exp\left[-\left(\frac{y^2\bar{u}}{4Dx}\right)\right] \tag{2-89}$$

时间连续面源一维移流扩散方程的解为

$$C=\frac{C_0}{2}\left[\operatorname{erfc}\left(\frac{x-ut}{2\sqrt{Dt}}\right)+\exp\left(\frac{ux}{D}\right)\operatorname{erfc}\left(\frac{x+ut}{\sqrt{4Dt}}\right)\right] \tag{2-90}$$

例 2-7　三维移流扩散方程如式(2-88)所示，在 $y=0$ 平面上作出一条 $C^*=\dfrac{4\pi D^2}{um}C$，$C^*=0.01$ 的等浓度曲线。

解：将式(2-88)改写为 $\dfrac{4\pi D^2}{um}C=\dfrac{1}{\dfrac{ux}{D}}\exp\left[-\dfrac{\left(\dfrac{uz}{D}\right)^2}{4\,\dfrac{ux}{D}}\right]$

令无量纲浓度 $C^*=\dfrac{4\pi D^2}{um}C$，$x^*=\dfrac{ux}{D}$，$z^*=\dfrac{uz}{D}$，原式变为

$$C^*=\frac{1}{x^*}\exp\left[-\frac{(z^*)^2}{4x^*}\right]$$

取 $C^*=0.01$，然后得上式 x^* 与 z^* 的关系数值，如下表所示，并绘出该等浓度线，如

例图所示。

x^*	0	1	2	5	10	20	30	40	50
z^*	0	±4.29	±5.59	±7.74	±9.60	±11.40	±12.0	±12.1	±11.8
x^*	60	70	80	90	95	98	99	100	
z^*	±11.1	±9.99	±8.45	±6.16	±4.41	±2.81	±1.99	0	

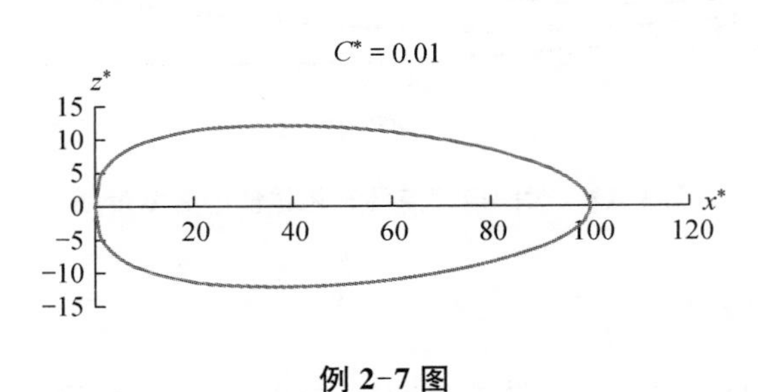

例 2-7 图

§2-9　有边界反射情况下的扩散

以上讨论的是无限(一维、二维或三维)空间中的扩散,实际河渠或水库湖泊都有岸和底的存在,污染物质在扩散到边界时,有三种情况:一种是污染物质到达边界后被边界吸收或黏结在边界上,即被边界完全吸收,另一种是被边界完全反射回来,再一种是部分被吸收,部分被反射,前两种属于理想情形,后一种在实际中居多,取决于污染物的种类和边界的特性,其中最不利情形是发生完全反射。本节仅介绍完全反射情形。

2-9-1　一侧有边界的一维扩散

一瞬时平面源沿 x 方向一维扩散,在距离源平面("真源")为 L 处存在全反射的固体边界,如图 2-13 所示。因边界不吸收扩散物质,通过边界的扩散物质的净通量为零。引入平面镜像原理,设有一平面镜位于固体边界处,在平面镜后面有一个反射源("像源"),反射源到镜面的距离 $x=-L$,像源的强度和真源相同,标准差也相同,因而像源在边界面上的通量与真源在边界面上的通量大小相等,方向相反,故形成边界面上扩散物质的净通量为零,真像和源像相距为 $2L$。

在 x 轴上任意点的浓度应为真源和像源所产生的浓度之和,即

$$C(x,\ t)=\frac{M}{\sqrt{4\pi Dt}}\left\{\exp\left(-\frac{x^2}{4Dt}\right)+\exp\left(-\frac{(x-2L)^2}{4Dt}\right)\right\} \tag{2-91}$$

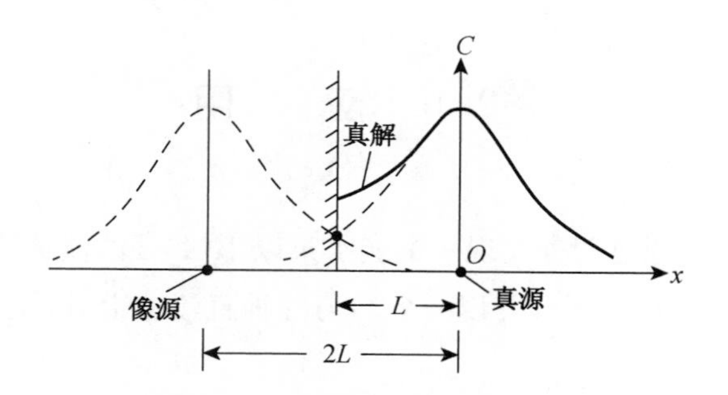

图 2-13 一侧有边界的浓度分布图

当 $x=L$ 时(即固体边壁上)

$$C(L,\ t)=\frac{M}{\sqrt{4\pi Dt}}\left\{\exp\left(-\frac{L^2}{4Dt}\right)+\exp\left(-\frac{(L-2L)^2}{4Dt}\right)\right\}=\frac{2M}{\sqrt{4\pi Dt}}\exp\left(-\frac{L^2}{4Dt}\right) \tag{2-92}$$

完全反射时,在边界处浓度恰好等于没有边界情况下浓度的 2 倍。

2-9-2 两侧有边界的一维扩散

若真源两侧都有固定边界反射,相当于存在两个像源,设两反射壁分别位于 $x=L$、$x=-L$处,任一点的浓度应为真源和两个像源的叠加,但由于每个像源于对方边界,又相当于一个真源,且再次出现反射,就这样逐次反射以至无穷,如图 2-14 所示。因而扩散水域中任一点的浓度,成为一个真源与两侧无限反射像源叠加的结果,这些像源点到真源的距离依次为 $x=-2L,\ -4L,\ -6L,\ \cdots;\ x=2L,\ 4L,\ 6L,\ \cdots$。把各次反射总和起来得到

$$C(x,\ t)=\sum_{n=-\infty}^{\infty}\frac{M}{\sqrt{4\pi Dt}}\exp\left[-\frac{(x+2nL)^2}{4Dt}\right] \tag{2-93}$$

式中,n 为整数,一次反射时,令 $n=-1$ 变到 $n=1$,二次反射时令 $n=-2$ 变到 $n=2$。在实际问题中因 L 比较大,一般只考虑到二次反射即可。

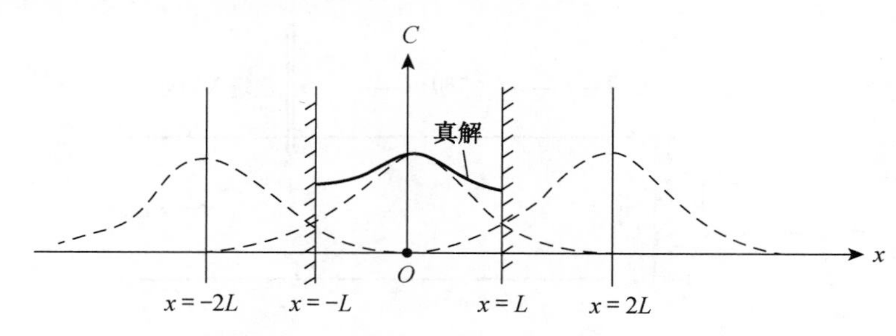

图 2-14 两侧有边界的浓度分布图

§2-10 应　用

例 2-8　如例 2-2，通过调查发现一个淡水泉以 10 L/s 的流速流进湖底。假设泉水与湖水密度相同，它会在湖底展开并以一个均匀的垂直流速上升（记 z 向下为正方向，所以流量是在 $-z$ 方向）。

$$v_a = -Q/A = -5 \times 10^{-7}\ \text{m/s}$$

在温跃层砷的浓度为 8 μg/L，这使得砷的随流输移通量为：

$$\dot{q}_a = Cv_a = -4 \times 10^{-3}\ \mu\text{g}/(\text{m}^2 \cdot \text{s})$$

因此，由泉水引起的随流输移导致了砷在温跃层的垂直随流输移通量。

将砷的分子扩散通量和随流输移通量放在一起，则砷在温跃层的垂直净通量为：

$$Jz = -4.00 \times 10^{-3} + 2.93 \times 10^{-3} = -1.10 \times 10^{-3}\ \mu\text{g}/(\text{m}^2 \cdot \text{s})$$

式中负号表示净通量是向上的。说明即使净分子扩散通量是向下的，由泉水引起的随流输移所导致的温跃层的净通量也是向上的。我们可以得出一个结论：砷污染源很可能在湖底。温跃层上侧的水会持续增大浓度，直到温跃层上的扩散通量足够大到可以平衡整个湖的移流通量，此刻系统会达到一个稳定状态。

例 2-9　如图所示，为了对水坝进行修复，在水坝表面涂上一层硫酸铜以去除积聚在上面的藻类。硫酸铜在大约一个小时左右内将均匀地敷在大坝表面。鱼苗圃的水来自于坝的水库上游，根据经验，鱼苗圃在其入口处能承受铜污染物的最大浓度为 1.5×10^{-3} mg/L，扩散系数确定为 2 m^2/s，经过渔场入口处的平均流速为 0.01 m/s。确定该工程是否会影响渔场的项目。大坝表面会溶解 1 kg 的铜，假设铜污染物垂直方向均匀地传播（大坝横截面面积 $A=3\ 000\ \text{m}^2$），可以将铜污染物作为一个均匀分布在大坝表面的瞬时源来建立模型。

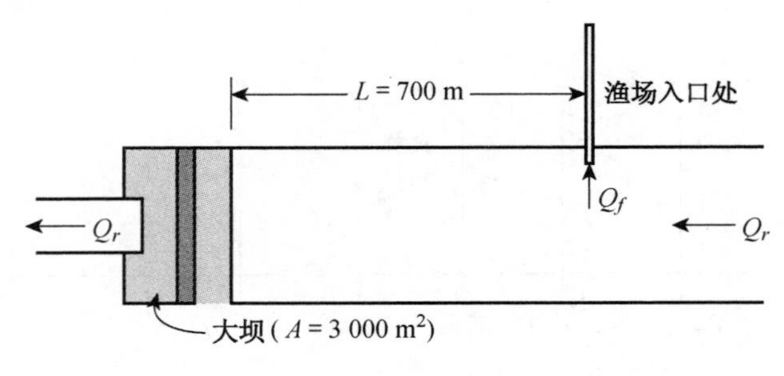

例 2-9 图

以随流输移或扩散为主。为了评估潜在的风险，第一步是看扩散对于铜在湖中的传播起着多大的作用。这可以通过 Peclet 数计算，

$$Pe = \frac{D}{uL} = 0.3$$

这表明扩散是轻度重要的，铜向上游迁移的可能性仍然存在。

入口处的最高浓度。由于分子扩散，铜存在向上游迁移的可能性，所以需要预测入口处的铜浓度。取大坝位置处 $x=0$，下游方向为 x 正方向，入口处的浓度为：

$$C(x,\ t) = \frac{M}{A\sqrt{4\pi Dt}}\exp\left(-\frac{(x-ut)^2}{4Dt}\right)$$

式中 x_i 为入口处位置（-700 m）。下图显示了从上式中计算出的入口处铜浓度。

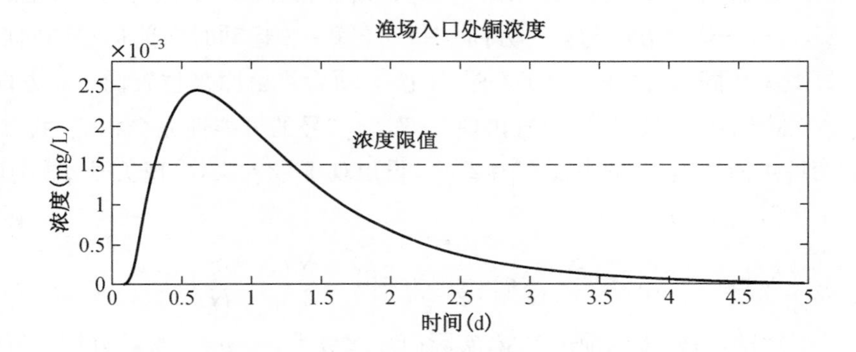

例 2-9 图　渔场入口处的铜浓度变化曲线（虚线为最大允许浓度）

从图中可以看出，从 $t=0.3$ d 到 $t=1.3$ d 这一天中预计会超过最大允许浓度。在入口处铜离子最大浓度约为 2.4×10^{-3} mg/L。因此，养鱼场必须采取预防措施，防止污染。

例 2-10　一废弃的采石场集水后形成水池，形状为矩形，池底面积为 200 m×200 m，水深为 50 m，附近一家企业将含有有害物质的废水排入池底，总计有害物质为 4 000 kg，设有害物质在池底均匀分布，池底及池壁对该物质完全不吸收，物质在水体中的扩散系数为 1.0 cm^2/s，试估算一年后池面有害物质浓度。

解：可看作瞬时面源一维扩散问题。因底部完全不吸收，由底部沿垂向的扩散浓度为

$$C(x,\ t) = \frac{2M}{A\sqrt{4\pi Dt}}\exp\left(-\frac{x^2}{4Dt}\right)$$

式中，x 为距池底的距离，取 $x=50$ m，$t=365$ d，$D=1.0\ cm^2/s=8.64\ m^2/d$

$M=4\,000$ kg，$A=40\,000\ m^2$。代入公式得一年后水面处有害物质浓度为

$$C(x,\ t) = \frac{2\times4\,000}{40\,000\times\sqrt{4\times3.14\times8.64\times365}}\exp\left(-\frac{50^2}{4\times8.64\times365}\right)$$
$$= 0.001\ kg/m^3$$

若考虑水面的反射作用，可在距水面以上 50 m 处设一虚源，其浓度和池底浓度相同，计算反射的影响，水面浓度将增大。

§2-11 用随机游动(Random Walk)来分析分子扩散现象

以上各节是采用欧拉法和确定性数学模型来研究费克扩散的，但是分子扩散是由分子不断地作无规则的布朗运动产生的，因此研究分子扩散也可以把分子运动简化，采用拉格朗日法，跟踪污染物质点的不规则运动，以及采用概率统计方法(即不确定数学模型)来进行研究。

一个分子在两次相互碰撞的运动距离成为自由程、随机步程，假定每一步程的长度为一固定值 Δl，设分子运动方向与某一方向 x 平行，每一步运动时向前运动和向后运动的机会相等，即概率相同，这样任一分子经过 N 次运动后将由原来位置向 $+x$ 方向前进的距离为 $\pm\Delta l\pm\Delta l\pm\Delta l\cdots$(共有 N 项)，出现"+"，"−"号的可能性完全相等，共有 N 次运动，每次有两种可能性，总共的可能性为 2^N 个，设出现正号 p 次，出现负号 q 次，则

令 $p-q=S$， $p+q=N$

则 $p=\frac{1}{2}(N+S)=\frac{N}{2}\left(1+\frac{S}{N}\right)$ $q=\frac{1}{2}(N-S)=\frac{N}{2}\left(1-\frac{S}{N}\right)$

分子通过 N 次运动，沿 x 方向前进 $S\Delta l$，实际向前次数为 $S=p-q$ 次，形成 $S\Delta l$ 的可能组合为$\frac{N!}{p!\ q!}=C_n^p$，

$$\text{概率 } P=\frac{\frac{N!}{p!q!}}{2^N}=\frac{N!}{2^N\left[\frac{N}{2}\left(1+\frac{S}{N}\right)\right]!\left[\frac{N}{2}\left(1-\frac{S}{N}\right)\right]!} \tag{2-94}$$

式(2-94)即为随机游动问题的关系式。分子运动量 N 是个大数，可用斯特林公式(Sterling)进行简化

$$\ln(N!)=\left(N+\frac{1}{2}\right)\ln N-N+\frac{1}{2}\ln 2\pi \text{ 或 } N!=\sqrt{2\pi N}\left(\frac{N}{e}\right)^N$$

当 $N\to\infty$时，

$$\ln P=\left(N+\frac{1}{2}\right)\ln N-\frac{1}{2}(N+S+1)\ln\left[\frac{N}{2}\left(1+\frac{S}{N}\right)\right]-$$
$$\frac{1}{2}(N-S+1)\ln\left[\frac{N}{2}\left(1-\frac{S}{N}\right)\right]-\frac{1}{2}\ln 2\pi-N\ln 2$$

当$S \ll N$时，$\ln\left(1 \pm \frac{S}{N}\right) = \pm \frac{S}{N} - \frac{S^2}{2N^2} \pm 0\left(\frac{S^3}{N^3}\right)$

则 $\ln P = \left(N + \frac{1}{2}\right)\ln N - \frac{1}{2}\ln 2\pi - N\ln 2 - \frac{1}{2}(N+S+1)\left(\ln N - \ln 2 + \frac{S}{N} - \frac{S^2}{2N^2}\right)$

$- \frac{1}{2}(N-S+1)\left(\ln N - \ln 2 - \frac{S}{N} - \frac{S^2}{2N^2}\right)$

当$N \to \infty$时，$P = \sqrt{\frac{2}{\pi N}}\exp\left(-\frac{S^2}{2N}\right)$

上式表示一个分子经过运动极大的N次后，从原来位置前进一个$S\Delta l$距离的概率。令a为分子运动的平均速度，t为分子运动N次所经历的时间，则

$$N = \frac{at}{\Delta l},\ S\Delta l = x$$

代入得：

$$P = \sqrt{\frac{2\Delta l}{\pi at}}\exp\left(-\frac{x^2}{2\Delta lat}\right) \tag{2-95}$$

上式与瞬时面源一维扩散的浓度分布式(2-42)具有相同的形式。式(2-95)表示一个分子在t时刻到达x处的概率，式(2-42)表示在x处t时刻的浓度，这两个概念是成比例的，比较两式的指数部分，得到$2\Delta lat = 4Dt$，则

$$D = \frac{1}{2}\Delta la = \frac{N\Delta l^2}{2t}$$

式(2-95)成为

$$P = \sqrt{\frac{2 \times \Delta l \times \frac{1}{2} \times \Delta l \times a}{\pi at \times D}}\exp\left(-\frac{x^2}{4Dt}\right) = \frac{\Delta l}{\sqrt{\pi Dt}}\exp\left(-\frac{x^2}{4Dt}\right) \tag{2-96}$$

P表示分子在N次运动后到达x的概率。

下面推求经过时间t后分子位于x和$x+\delta x$之间的概率δP。当分子到达x后，下一步运动仍有1/2机会前进，1/2机会后退，因每一步的距离为Δl，下一步运动中没有离开x至$x+\delta x$范围的机会为$\frac{1}{2}\frac{\delta x}{\Delta l}$(两概率相乘，向前向后各1/2，在$\delta x$范围内概率为$\frac{1}{2}\frac{\delta x}{\Delta l}$)故

$$\delta P = \left[\frac{\Delta l}{\sqrt{\pi Dt}}\exp\left(-\frac{x^2}{4Dt}\right)\right]\frac{\delta x}{2\Delta l}$$

或

$$\frac{\delta P}{\delta x}=\frac{1}{2\sqrt{\pi Dt}}\exp\left(-\frac{x^2}{4Dt}\right) \tag{2-97}$$

上式表明分子运动过程中在 x 方向作随机运动的概率密度具有正态分布规律。概率密度的标准差为 $\sigma=\sqrt{2Dt}$；

$$\text{概率密度的均值为}\quad \bar{x}=\frac{\int_0^\infty x\mathrm{d}P}{\int_0^\infty \mathrm{d}P}=2\sqrt{\frac{Dt}{\pi}} \tag{2-98}$$

上式标明分子运动的平均距离与时间的平方根成正比。即游动 2 km 所需要的时间是游动 1 km 所需时间的 4 倍！

$$\text{概率密度的方差为}\quad \overline{x^2}=\frac{\int_0^\infty x^2\mathrm{d}P}{\int_0^\infty \mathrm{d}P}=2Dt \tag{2-99}$$

如令扩散物质总量为 M，对于一维情况，

$$\begin{gathered}C(x,\ t)=\frac{\delta M}{\delta x},\ \delta M=M\delta P\\ c(x,\ t)=\frac{M}{2\sqrt{\pi Dt}}\exp\left(-\frac{x^2}{4Dt}\right)\end{gathered} \tag{2-100}$$

结论表明从随机游动得出的结果与从费克扩散理论的结果是基本一致的。

习　题

2-1　假设线性浓度曲线，如下图所示：

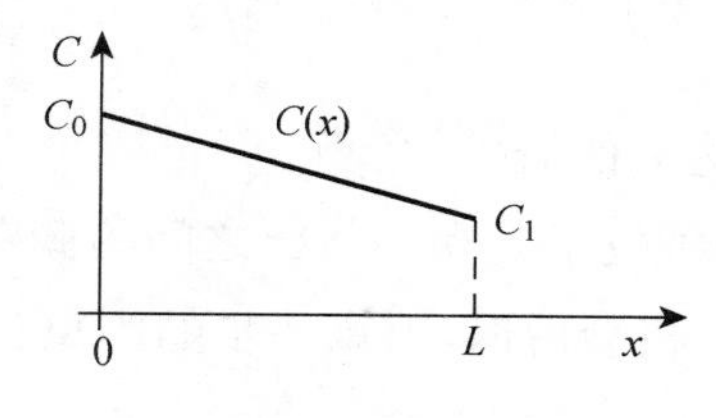

题 2-1 图

直线方程为 $C=bx+C_0$，其中 $b=(C_1-C_0)/L$。假设扩散系数是 D，求：

(1) $x=[0,\ L]$之间任何点单位面积的扩散通量。

(2) $x=[0,\ L]$通过面积为 A 的总的质量通量。

2-2　固定浓度污水附近的一维浓度曲线 $C(x)=C_0\left[1-\mathrm{erf}\left(\frac{x}{\sqrt{4Dt}}\right)\right]$。其中 C_0 是靠近污染源的初始浓度，erf 是误差函数，t 是从排放开始后的排放时间，x 是下游距离，D 是扩散系数，$D=1\times10^{-3}\ \mathrm{m^2/s}$。计算 $x=10$ m，$t=6$ h 的净质量通量矢量 q_x。

2-3　矿场下游靠近岸边的小鱼塘从进水口通过一个小通道与主河道相通如图所示。假设河流和池塘中间的水位相同，因此通道中水的速度为 0。夏天河中的砷平均浓度 1 ppm，其他季节为 0。夏季之前池塘中砷的初始浓度为 0 ppm。连接通道长 4 m，宽 2 m，深 2 m。计算在夏天的这三个月中会有多少砷扩散进池塘里。如果池塘长100 m，宽 50 m，深 2 m，则夏季这三个月后池塘里砷的平均水平为多少？如果池塘里砷的允许水平为 0.1 ppb，你会建议业主在连接通道上建个门以阻止砷的流入吗？砷的分子扩散系数 $D_m=1\times10^{-10}\ \mathrm{m^2/s}$。

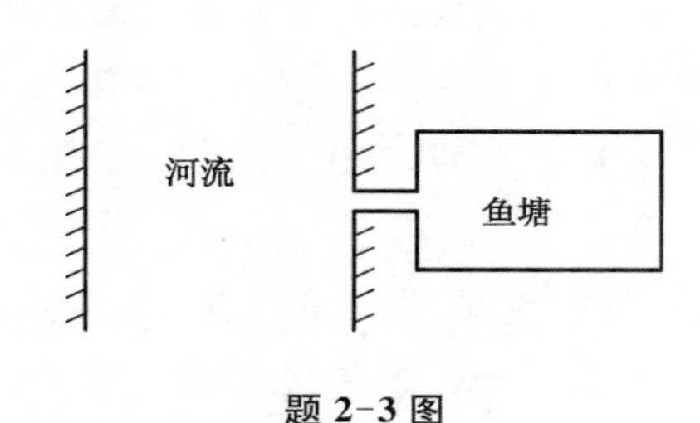

题 2-3 图

2-4　如图 2-2 所示的管道截面，一位学生在 $t=0$ 时刻，将 5 毫升 20%的若丹明 WT 染色剂(比重为 1.15)瞬间均匀地注入管道位于 $x=0$ 处的横断面处。管道充满积水。假设分子扩散系数 $D_m=0.13\times10^{-4}\ \mathrm{cm^2/s}$。求：(1) $t=0$ 时刻，$x=0$ 处的浓度是多少？(2)注射 1 s 后浓度分布的标准差是多少？(3)绘制出管道中的最大浓度 $C_{\max}(t)$，它是时间区间 $t=[0,\ 24\ \mathrm{h}]$上的函数。(4)过多少时间，$x=\pm1$ m 范围内的浓度可视为均匀的？若某一区域内的最小浓度不小于该区域最大浓度的 95%，则认为浓度分布是均匀的。

2-5　无量纲参数(佩克莱数) $Pe=f(u,\ D,\ x)$ 描述对流控制型(水流引起的对流输运快于扩散输运)和扩散控制型(扩散输运快于水流引起的对流输运)，当 $Pe\ll1$ 时为对流控制，$Pe\gg1$ 时为扩散控制。对于一个流速 $u=0.3$ m/s，扩散系数 $D=0.05\ \mathrm{m^2/s}$ 的流体，什么位置对流和扩散是同等重要的？

2-6　一条河流的横截面积为 $A=20\ \mathrm{m^2}$，流量 $Q=1\ \mathrm{m^3/s}$，有效混合系数 $D=1\ \mathrm{m^2/s}$。在下游多长距离内扩散作为主导因素？移流在何处成为主导因素？河流多长时扩散和移流的影响效果相同？

2-7　写出静水中、一维瞬时点源扩散的基本解，并说明瞬时点源、瞬时分布源和时间连续源的解有什么联系？

2-8　怎样处理有边界存在情况下的瞬时点源扩散问题？

2-9　在静止液体的表面覆盖着一种面积很大的有机营养物，在该层的顶部营养物处于饱和浓度 Cs，营养物的消耗与局部浓度成正比，只考虑沿 x 轴（以液面为零点，指向下为正）的分子扩散，营养物的消耗为 k，求证：稳定状态下，营养物的浓度分布为 $C=C_s\exp\left[-z\sqrt{\frac{k}{D}}\right]$。

2-10　在一均匀断面的静水长渠中，渠中原有污染物浓度为 C_0，在 $t=0$ 时刻，长渠的一端（$x=0$）与清洁水库连接，证明渠中相对浓度 $\frac{C}{C_0}$ 有如下关系 $\frac{C}{C_0}=\mathrm{erf}\left[\frac{x}{2\sqrt{Dt}}\right]$。

2-11　在流速为 0.2 m/s 的均匀流中，测出相隔 50 m 的上下游两点 A、B 处的物质浓度分别为 350 ppm 和 300 ppm，设沿水流方向的扩散系数为 $3\times10^3\ \mathrm{cm^2/s}$，求两点中间位置的物质迁移率。

2-12　在一条长管中有一阀门，在阀门左侧管内充满浓度均匀的污水，右侧为清洁水。当阀门开启（水仍保持静止）1 天以后，在距离阀门右侧 10 cm 断面处测得 COD 浓度为 1.5 mg/L。已知分子扩散系数为 $1.47\times10^{-5}\ \mathrm{cm^2/s}$，试问再经过 5 天后，该断面上的 COD 浓度为多少？

2-13　在一维扩散中有一瞬时线源，线源宽度为 40 cm，浓度为 100 mg/L。在线源点（$x=0$）的左右两侧 $x=\pm150$ cm 处有反射壁。已知分子扩散系数为 $2.5\times10^{-3}\ \mathrm{cm^2/s}$，当扩散历时 15 天，试问此时位于 $x=75$ cm 处的浓度为多少？

2-14　一条棱柱体的长渠，渠中水为静止，在 $x=0$ 一端有闸门关闭。当初瞬（$t=0$）时，在 $0\leqslant x<h$ 段内的浓度 $C=C_0$（常数），在 $x>h$ 段的浓度 $C=0$，试求 $t>0$ 时渠内的浓度 $C(x,\ t)$。

2-15　在上题中，如果在 $x=L$ 处也有一闸门关闭，其余条件不变，试求 $t>0$ 时渠内的浓度 $C(x,\ t)$。

2-16　一条棱柱体的长渠，一端与水库相连，另一端为无限远。渠与水库连接处（$x=0$）有闸门关闭，渠内水体静止。当初瞬（$t=0$）时，渠内（$x>0$）的浓度 $C=C_0$（常数）。当 $t>0$ 时，闸门开启，因水库与渠水位相同，渠内水体仍为静止，假设当 $t>0$ 时在 $x=0$ 处浓度 $C=0$. 试证明由于分子扩散，在渠内的浓度 $C(x,\ t)=C_0\mathrm{erf}\left[\frac{x}{\sqrt{4Dt}}\right]$，并通过 $x=0$ 截面的质量迁移率 $\left(D\frac{\partial C}{\partial x}\right)$。

2-17　在断面面积为 25 $\mathrm{m^2}$ 的均匀长槽中，盛满静止流体，在坐标 $x=0$ 的断面、时刻 $t=0$ 时，瞬时释放质量 $M=1\ 000$ kg 的污染物质，其分子扩散系数 $D=10^{-9}\ \mathrm{m^2/s}$。试求 $x=0$，$t=4$ d、30 d 的浓度以及 $x=1$ m 处，$t=1$ a 时的浓度。

附 录 2

附录 2-1 关于误差函数的基本知识

1. 误差函数

$$\frac{2}{\sqrt{\pi}}\int_0^x \exp(-z^2)\mathrm{d}z = \mathrm{erf}(x)$$

性质：

(1) $\mathrm{erf}(-x)=-\mathrm{erf}(x)$奇函数

(2) $\mathrm{erf}(0)=0$

(3) $\mathrm{erf}(\infty)=1$

(4) $\mathrm{erf}(x) = \frac{2}{\sqrt{\pi}}\sum_{n=0}^{\infty}(-1)^n \frac{x^{2n+1}}{n!(2n+1)}$

(5) $\frac{\mathrm{d}}{\mathrm{d}x}\mathrm{erf}(x)=\frac{2}{\sqrt{\pi}}\mathrm{e}^{-x^2}$

2. 余误差函数

$$\frac{2}{\sqrt{\pi}}\int_x^{\infty} \exp(-z^2)\mathrm{d}z = \mathrm{erfc}(x)$$

性质：

(1) $\mathrm{erfc}(-x)=-\mathrm{erfc}(x)$奇函数

(2) $\mathrm{erfc}(0)=1$

(3) $\mathrm{erfc}(\infty)=0$

(4) $\mathrm{erfc}(x) = \frac{1}{\sqrt{\pi}}\frac{\mathrm{e}^{-x^2}}{x}\sum_{n=0}^{\infty}(-1)^n \frac{\frac{(2n)!}{n!}}{(2x)^{2n}}$

3. 误差函数与余误差函数的关系

$$\mathrm{erf}(x) = 1-\mathrm{erfc}(x)$$

4. 误差函数运算

$$\int_{-\infty}^{\infty}\exp(-z^2)\mathrm{d}z = \int_{-\infty}^{0}\exp(-z^2)\mathrm{d}z+\int_0^{\infty}\exp(-z^2)\mathrm{d}z$$

$$=-\int_0^{-\infty}\exp(-z^2)\mathrm{d}z+\int_0^{\infty}\exp(-z^2)\mathrm{d}z$$

$$=\int_0^{\infty}\exp(-z^2)\mathrm{d}z+\int_0^{\infty}\exp(-z^2)\mathrm{d}z$$

$$=2\int_0^{\infty}\exp(-z^2)\mathrm{d}z$$

$$=\sqrt{\pi}\,\frac{2}{\sqrt{\pi}}\int_0^{\infty}\exp(-z^2)\mathrm{d}z=\sqrt{\pi}\,\mathrm{erf}(\infty)=\sqrt{\pi}$$

$$\int_0^{\infty}\exp(-z^2)\mathrm{d}z=\frac{\sqrt{\pi}}{2}$$

5. 误差函数表

x	erf(x)	x	erf(x)	x	erf(x)
0	0	0.75	0.711 16	1.5	0.966 11
0.05	0.056 37	0.8	0.742 1	1.55	0.971 62
0.1	0.112 46	0.85	0.770 67	1.6	0.976 35
0.15	0.168	0.9	0.796 91	1.65	0.980 38
0.2	0.222 7	0.95	0.820 89	1.7	0.983 79
0.25	0.276 33	1	0.842 7	1.75	0.986 67
0.3	0.328 63	1.05	0.862 44	1.8	0.989 09
0.35	0.379 38	1.1	0.880 21	1.85	0.991 11
0.4	0.428 39	1.15	0.896 12	1.9	0.992 79
0.45	0.475 48	1.2	0.910 31	1.95	0.994 18
0.5	0.520 5	1.25	0.922 9	2	0.995 32
0.55	0.563 32	1.3	0.934 01	2.5	0.999 59
0.6	0.603 86	1.35	0.943 76	3	0.999 98
0.65	0.642 03	1.4	0.952 29	3.3	0.999 998
0.7	0.677 8	1.45	0.959 7	∞	1

附录 2-2　瞬时点源一维扩散方程的推导

在这个附录中，我们讨论关于点源在无限空间中扩散，在考虑边界及初始条件时的一维扩散方程的解。控制方程为

$$\frac{\partial C}{\partial t}=D\frac{\partial^2 C}{\partial x^2}\tag{B-1}$$

边界条件为 $C(\pm\infty, t)=0$，初始条件为 $C(x, 0)=(M/A)\delta(x)$（更多细节参考第二章）。在这里，我们将用傅立叶指数变换代替相似理论得出我们的结果，傅立叶指数变换定义为

$$F(\alpha, t)=\int_{-\infty}^{\infty} F(x, t) \mathrm{e}^{-i\alpha x} \mathrm{d} x \tag{B-2}$$

这里 $F(\alpha, t)$ 是傅立叶变换后的 $F(x, t)$，α 是转换变量，同时 i 是虚数。这种方法满足在 $\pm\infty$ 的边界条件。由于应用了傅立叶变换，不需要用边界条件来求出积分常数，解显然服从边界条件。傅立叶变换中给出的扩散控制方程为

$$\frac{\mathrm{d} C}{\mathrm{d} t}+D \alpha^{2} C=0 \tag{B-3}$$

傅立叶变换的优点是它可以将偏微分方程转变称为常微分方程，这里可以求得一个简单的，一阶常微分方程。

$$C(\alpha, t)=F(\alpha) \exp (-D \alpha^{2} t) \tag{B-4}$$

结合初始条件，$F(\alpha)$ 经过傅立叶变换后为

$$F(\alpha)=C(\alpha, 0)=\int_{-\infty}^{\infty}(M/A) \delta(x) \mathrm{e}^{-i\alpha x} \mathrm{d} x=\frac{M}{A} \tag{B-5}$$

$$\left(\int_{-\infty}^{\infty} \delta(x) \mathrm{e}^{-i\alpha x} \mathrm{d} x=\left.\mathrm{e}^{-i\alpha x}\right|_{x=0}=1\right)$$

综上所述，傅立叶变换方法能够满足边界条件的要求，因此，我们不需要考虑有关边界条件的约束，同时，利用傅立叶变换将初始条件来应用于方程可将其转化为简单的一阶常微分方程。如此，我们的解为

$$C(\alpha, t)=(M/A) \exp (-D \alpha^{2} t) \tag{B-6}$$

满足我们所有的边界及初始条件。剩下的工作就是傅立叶的逆变换。

傅立叶的逆变换通常定义为

$$F(x, t)=\frac{1}{2\pi} \int_{-\infty}^{\infty} F(\alpha, t) \mathrm{e}^{i\alpha x} \mathrm{d} \alpha \tag{B-7}$$

对于我们的问题，逆变换变为

$$C(x, t)=\frac{1}{2\pi} \int_{-\infty}^{\infty}(M/A) \exp (-D \alpha^{2} t) \mathrm{e}^{i\alpha x} \mathrm{d} \alpha \tag{B-8}$$

我们可以通过 $\mathrm{e}^{i\alpha x}=\cos(\alpha x)+i \sin(\alpha x)$ 进行简化。由于 $\exp(-D\alpha^{2} t)$ 是偶函数，$i\sin(\alpha x)$ 是奇函数，因此，我们可以将 $i\sin(\alpha x)$ 项忽略，这样经过简化可得到

$$C(x,\ t)=\frac{M}{2\pi A}\left[2\int_0^{\infty}\exp(-D\alpha^2 t)\cos(\alpha x)\mathrm{d}\alpha\right] \tag{B-9}$$

第一步，将指数进行代换，

$$\alpha=\frac{x}{\sqrt{Dt}} \tag{B-10}$$

$$\mathrm{d}\alpha=\frac{\mathrm{d}x}{\sqrt{Dt}} \tag{B-11}$$

接着，定义一个新的变量

$$\eta=\frac{x}{\sqrt{Dt}} \tag{B-12}$$

式(B-9)为

$$C(x,\ t)=\frac{M}{\pi A\sqrt{Dt}}\left[\int_0^{\infty}\mathrm{e}^{-x^2}\cos(\eta x)\mathrm{d}x\right] \tag{B-13}$$

因此，我们需要解决

$$I(\eta)=\int_0^{\infty}\mathrm{e}^{-x^2}\cos(\eta x)\mathrm{d}x \tag{B-14}$$

通过下面的技巧来解决(B-14)并不是很繁琐。总的来说，我们需要知道 I 和 η 的关系。

$$\frac{\mathrm{d}I}{\mathrm{d}\eta}=\int_0^{\infty}-x\mathrm{e}^{-x^2}\sin(\eta x)\mathrm{d}x \tag{B-15}$$

因为

$$x\mathrm{d}x=\frac{1}{2}\mathrm{d}(x^2)$$

则方程为

$$\frac{\mathrm{d}I}{\mathrm{d}\eta}=-\frac{1}{2}\int_0^{\infty}\mathrm{e}^{-x^2}\sin(\eta x)\mathrm{d}(x^2) \tag{B-16}$$

类似的，我们运用变换

$$\mathrm{e}^{-x^2}\mathrm{d}(x^2)=-\mathrm{d}(\mathrm{e}^{-x^2})$$

可以得到积分式

$$\frac{\mathrm{d}I}{\mathrm{d}\eta}=\frac{1}{2}\int_0^{\infty}\sin(\eta x)\mathrm{d}(\mathrm{e}^{-x^2}) \tag{B-17}$$

我们将式 $u=\sin(\eta x)$ 与式 $\mathrm{d}v=\mathrm{d}(\mathrm{e}^{-x^2})$ 整合入方程(B-17)得

$$\begin{aligned}\frac{\mathrm{d}I}{\mathrm{d}\eta}&=\frac{1}{2}\mathrm{e}^{-x^2}\sin(\eta x)\Big|_0^{\infty}-\frac{1}{2}\int_0^{\infty}\mathrm{e}^{-x^2}\mathrm{d}(\sin(\eta x))\\&=0-\frac{\eta}{2}\int_0^{\infty}\mathrm{e}^{-x^2}\cos(\eta x)\mathrm{d}x=-\frac{\eta}{2}I(\eta)\end{aligned}\tag{B-18}$$

从新整理最后的结果可得：

$$\frac{\mathrm{d}I}{\mathrm{d}\eta}+\frac{\eta}{2}I(\eta)=0\tag{B-19}$$

上式类似于式(2-33)中令 $C_0=0$。将 I 用 f 表示，得到：

$$\frac{\mathrm{d}f}{\mathrm{d}\eta}+\frac{\eta}{2}f(\eta)=0\tag{B-20}$$

初始条件：

$$\int_{-\infty}^{\infty}f(\eta)\mathrm{d}\eta=1\tag{B-21}$$

因此，通过严格的运用傅立叶变换方法，我们可以得到上述两个方程，应用合适的边界条件和初始条件，为瞬时点源在无限域的扩散扩散方程提供了解法。

附录 2-3　浓度分布特性

1. 数学期望

数学期望是描述位置特征的量(几何分布中心、平均数)。

(1) 设离散型随机变量 X 的概率为 $P\{X=x_k\}=p_k$，$k=1, 2, \cdots$，若级数 $\sum_{k=1}^{\infty}x_kp_k$ 绝对收敛，则称级数 $\sum_{k=1}^{\infty}x_kp_k$ 为随机变量 X 的数学期望，记为 $E(X)$，即 $E(X)=\sum_{k=1}^{\infty}x_kp_k$，它是一个加权概率平均值，权重为 p_k。

(2) 连续型随机变量 X，其概率密度为 $f(x)$，若积分 $\int_{-\infty}^{\infty}xf(x)\mathrm{d}x$ 绝对收敛，则称该积分为 X 的数学期望，记为 $E(X)$，即

$$E(X)=\int_{-\infty}^{\infty}xf(x)\mathrm{d}x\tag{C-1}$$

数学期望又称均值，它体现了一个随机变量最有可能(最有希望)出现的值。

若 X 为服从正态分布 $N(\mu, \sigma)$ 的随机变量，其概率密度为

$$f(X) = \frac{1}{\sqrt{2\pi}\sigma}\exp^{-\frac{(x-\mu)^2}{2\sigma^2}} \tag{C-2}$$

X 的数学期望为 $$E(X) = \int_{-\infty}^{\infty} x \frac{1}{\sqrt{2\pi}\sigma}\exp^{-\frac{(x-\mu)^2}{2\sigma^2}} \mathrm{d}x \tag{C-3}$$

积分得 $$E(X) = u \tag{C-4}$$

正态分布的随机变量的均值为分布曲线的对称轴所在处的横坐标值，若曲线以纵坐标为对称轴，则该随机变量之均值为零。

2. 方差(描述随机变量 X 相对于 $E(X)$ 离散程度的量)

随机变量的数值总是忽大忽小，很不规则。如果要度量一个随机变量与均值的偏离程度，常用量 $D(X)=E\{[X-E(X)]^2\}$ 来表达。其含义是变量与均值之差平方的数学期望。之所以采用差值的平方而不是差值来代替，是因为差值会出现负的问题。

(1) 离散型随机变量 $D(x) = E\{[X-E(X)]^2\} = \sum_{k=1}^{\infty}[x_k - E(X)]^2 p_k$

(2) 对于连续型随机变量，则方差的表达式为

$$\begin{aligned}D(X) &= E\{[X-E(X)]^2\} = \int_{-\infty}^{\infty}[x-E(X)]^2 f(x)\mathrm{d}x \\ &= \int_{-\infty}^{\infty}[x^2 + E^2(X) - 2xE(X)]f(x)\mathrm{d}x \\ &= \int_{-\infty}^{\infty}x^2 f(x)\mathrm{d}x + \int_{-\infty}^{\infty}E^2(X)f(x)\mathrm{d}x - \int_{-\infty}^{\infty}2xE(X)f(x)\mathrm{d}x \\ &= E(X^2) + E^2(X) - 2E^2(X) = E(X^2) - E^2(X)\end{aligned}$$

对于服从正态分布 $N(\mu, \sigma)$ 的随机变量 X，其概率密度为

$$f(X) = \frac{1}{\sqrt{2\pi}\sigma}\exp^{-\frac{(x-\mu)^2}{2\sigma^2}}$$

则 X 的方差为

$$D(X) = \int_{-\infty}^{\infty}(x-\mu)^2 f(x)\mathrm{d}x$$

将上式代入 $f(x)$ 并积分得

$$D(X) = \sigma^2 \tag{C-5}$$

将 $D(X)$ 开方得均方差或标准差，正态分布标准差为：

$$\sqrt{D(X)} = \sigma \tag{C-6}$$

3. 相关与相关系数

任意两个随机变量 X 和 Y 之间有无相互关系用无量纲的相关系数 R 来衡量，相关系

数定义为

$$R = \frac{E\{[X-E(X)][Y-E(Y)]\}}{\sqrt{D(X)}\sqrt{D(Y)}} \tag{C-7}$$

随机变量 X 和 Y 的协方差定义为

$$\mathrm{Cov}(X, Y) = E\{[X-E(X)][Y-E(Y)]\} \tag{C-8}$$

若 X 与 Y 是互相独立而无关联的变量，则 $\mathrm{Cov}(X, Y)=0$，$R=0$；

若 X 与 Y 不是相互独立而存在一定关系，则 $\mathrm{Cov}(X, Y)\neq 0$，$R\neq 0$；

若 $R\rightarrow 1$，则两变量关系密切。

4. 矩

浓度分布曲线的许多特性常借助于浓度矩来说明。矩的概念在力学中早已屡见不鲜，如力矩、面积矩、惯性矩等等。

设 X 和 Y 是随机变量，若 $E(X^k) = \int_{-\infty}^{\infty} x^k f(x)\mathrm{d}x$，$p=1, 2, \cdots$ 存在，则称其为 X 的 k 阶原点矩。(可以写成 M_k')；

若 $E[(x-E(X))^k)] = \int_{-\infty}^{\infty} (x-E(X))^k f(x)\mathrm{d}x$，$k=1, 2, \cdots$ 存在，则称其为 X 的 k 阶中心矩(可以写成 M_k)；

设 X 和 Y 是随机变量，若 $E(X^kY^l) = \int_{-\infty}^{\infty}\int_{-\infty}^{\infty} x^k y^l f(x, y)\mathrm{d}x\mathrm{d}y$ 存在，则称其为 X 和 Y 的 $(k+l)$ 阶混合矩；若 $E\{[x-E(X)]^k[y-E(Y)]^l\} = \int_{-\infty}^{\infty}\int_{-\infty}^{\infty}(x-E(X))^k (y-E(Y))^l f(x, y)\mathrm{d}x\mathrm{d}y$ 存在，则称其为 X 和 Y 的 $(k+l)$ 阶中心混合矩。

附录 2-4　时间连续源扩散方程解的推导

时间连续源扩散方程经过变量代换，从偏微分方程变为常微分方程，

$$\frac{\mathrm{d}^2\varphi}{\mathrm{d}\xi^2} + \frac{1}{2}\xi\frac{\mathrm{d}\varphi}{\mathrm{d}\xi} = 0 \tag{D-1}$$

其中，$\xi = \frac{x}{\sqrt{Dt}}$。

令 $\frac{\mathrm{d}\varphi}{\mathrm{d}\xi} = p$，则(D-1)式为

$$\frac{\mathrm{d}p}{\mathrm{d}\xi} + \frac{1}{2}\xi p = 0 \tag{D-2}$$

得$\frac{\mathrm{d}p}{p}=-\frac{\xi}{2}\mathrm{d}\xi$，积分得

$$p=C_1\mathrm{e}^{-\frac{1}{4}\xi^2}，即\frac{\mathrm{d}\varphi}{\mathrm{d}\xi}=C_1\mathrm{e}^{-\frac{1}{4}\xi^2} \tag{D-3}$$

积分式(D-3)，得

$$\int \mathrm{d}\varphi=\int C_1\mathrm{e}^{-\frac{1}{4}\xi^2}\mathrm{d}\xi$$

由于$C(-x, t)=C(x, t)$，可只沿 x 轴正向求解。

$$\varphi\Big|_{\xi=0}^{\xi=\infty}=\int_0^{\infty}C_1\mathrm{e}^{-\frac{1}{4}\xi^2}\mathrm{d}\xi=2C_1\frac{\sqrt{\pi}}{2}=C_1\sqrt{\pi} \tag{D-4}$$

由边界条件可知，$\xi=0$ 时，$\varphi=1$；$\xi=\infty$时，$\varphi=0$，代入式(D-4)，得 $C_1=-\frac{1}{\sqrt{\pi}}$，代入式(D-3)，得

$$\frac{\mathrm{d}\varphi}{\mathrm{d}\xi}=-\frac{1}{\sqrt{\pi}}\mathrm{e}^{-\frac{1}{4}\xi^2} \tag{D-5}$$

积分式(D-5)，得

$$\varphi\Big|_{\xi}^{\xi=\infty}=\int_{\xi}^{\infty}-\frac{1}{\sqrt{\pi}}\mathrm{e}^{-\frac{1}{4}\xi^2}\mathrm{d}\xi=-\frac{2}{\sqrt{\pi}}\times\frac{\sqrt{\pi}}{2}\mathrm{erfc}\left(\frac{\xi}{2}\right)=-\mathrm{erfc}\left(\frac{\xi}{2}\right)$$

则 $\varphi(\xi)=\mathrm{erfc}\left(\frac{\xi}{2}\right)$，即

$$\varphi=\mathrm{erfc}\left[\frac{x}{2\sqrt{Dt}}\right](x>0)$$

第三章

紊动扩散

第二章仅仅介绍了静止液体中的分子扩散和层流运动情况下的移流扩散，可是环境中的流体大多处于紊流状态，所以紊动扩散更具有普遍意义。

紊动扩散是指紊流的脉动或者由紊流的旋涡运动引起的物质传递。实践证明，紊动扩散引起的物质扩散在数量上比分子扩散大得多，紊动扩散系数比分子扩散系数大10^5～10^6倍。例如，燃着的香烟若用紊动扩散传播，几秒钟就可以使房间充满烟味，而分子扩散则需要几天的时间；一般在紊流情况下可忽略分子扩散的作用。紊流的瞬时流速可以表示为时均流速和脉动流速之和，即

$$u = \bar{u} + u'$$

式中，$\bar{u}$ 表示时均流速，u'表示脉动流速。

由时均流速引起的污染物质输移称为随流扩散，由脉动流速引起的污染物质输移称为紊动扩散。

由于紊流的不确定性和随机性，许多学者采用随机事件的统计方法来研究紊流问题。水力学中已对紊流的一些特性作了阐述，这里仅介绍一些与紊流有关的统计特性，以此奠基研究紊动扩散的基础，然后再讨论紊动扩散的问题。

§3-1　紊流的时间平均与统计平均

紊流的瞬时流速是随机的，描述随机变量的变化趋势过去常采用平均值(包括时间平均值或统计平均值)，随机过程是平稳过程而又具有遍历性或各态历经性，平稳过程的统计特性不随时间推移而改变，其时间平均值和统计值是相等的，因此，在时均恒定紊流中流速的时间平均值和统计平均值是相等的。

统计平均法(总体平均法)——在同样条件下重复多次试验，每次试验要在同一地点、同一时间取样统计。样本的总和称为总体，如测量某一点流速，样本总和为 N，其中测得流速为 u_i 的次数为 n_i，该点流速总体平均值为

$$\bar{u}=\frac{\sum_{i=1}^{n}n_i u_i}{N} \tag{3-1}$$

§3-2 紊流的脉动强度及相关系数

若以紊流中任意点瞬时流速 u 作为离散型随机变量系列，令时间平均流速为 $\bar{u}$，脉动流速为 u'，按照定义，流速的标准差为：

$$\sigma=\sqrt{\sum_{i=1}^{N}(u_i-\bar{u})^2\frac{n_i}{N}}=\sqrt{\overline{(u_i-\bar{u})^2}}=\sqrt{\overline{u_i'^2}} \tag{3-2}$$

即标准差为脉动流速的均方根，其量纲仍为流速，它的值反映了脉动流速的强弱程度，故称脉动强度。

设紊流中任意不同点处的脉动流速为 u_1' 与 u_2'，其相关系数为

$$R(u_1,\ u_2)=\frac{E\{[X-E(X)][Y-E(Y)]\}}{\sqrt{D(X)}\sqrt{D(Y)}}$$

$$=\frac{\sum_{i=1}^{N}(u_{1i}-\bar{u}_1)(u_{2i}-\bar{u}_2)\frac{n_i}{N}}{\sqrt{\sum_{i=1}^{N_1}(u_{1i}-\bar{u}_1)^2\frac{n_{1i}}{N}}\sqrt{\sum_{i=1}^{N_2}(u_{2i}-\bar{u}_2)^2\frac{n_{2i}}{N}}}=\frac{\overline{u_1'u_2'}}{\sqrt{\overline{u_1'^2}}\sqrt{\overline{u_2'^2}}} \tag{3-3}$$

3-2-1 欧拉空间相关和紊流尺度

1. 欧拉空间相关

欧拉空间相关定义为 $\overline{u_{x_1}'u_{x_2}'}$，表示同一瞬时、不同两点 x_1、x_2 的脉动流速乘积的统计平均值。相应的相关系数为

$$R_L=\frac{\overline{u_{x_1}'u_{x_2}'}}{\sqrt{\overline{u_{x_1}'^2}}\sqrt{\overline{u_{x_2}'^2}}}$$

对于均匀紊流有 $\sqrt{\overline{u_{x_1}'^2}}=\sqrt{\overline{u_{x_2}'^2}}=\sqrt{\overline{u_x'^2}}$，所以均匀紊流的欧拉空间相关系数为

$$R_L=\frac{\overline{u_{x_1}'u_{x_2}'}}{\overline{u_x'^2}} \tag{3-4}$$

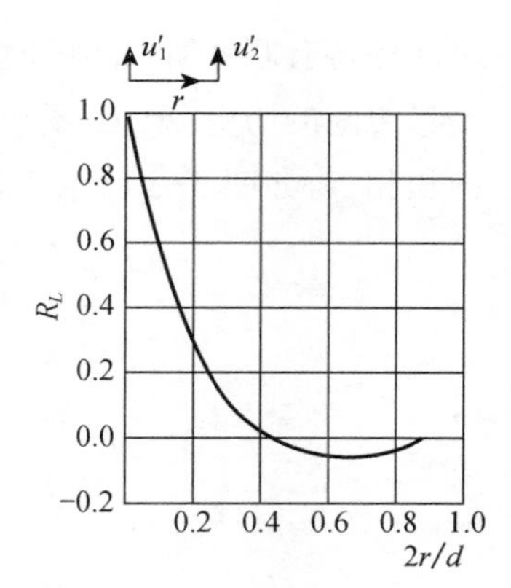

图 3-1 欧拉相关系数曲线

例如管道横截断面上圆心点和距圆心为 r 处的脉动流速之间的相关系数 $R_L=\dfrac{\overline{u_0'u_r'}}{\sqrt{\overline{u_0'^2}\,\overline{u_r'^2}}}$，$R_L$ 的变化情况如图 3-1 所示，横坐标为无量纲距离 $\dfrac{2r}{d}$。当两点距离很小时，R_L 接近于 1，离开管轴中心越远，即 r 越大，R_L 越小，以至趋于零(图 3-1)。

2. 欧拉空间紊流平均尺度

对于均匀紊流而言，取距离为 L 的两点，如果涡体的平均尺度较大，两点处于同一涡体，则空间相关系数 R_L 就大；如果涡体的平均尺度较小，两点分别处于两个涡体中，则空间相关系数 R_L 就小。所以 R_L 与涡体的平均尺度有密切关系。可以把涡体的空间平均尺度定义为 $L=\int_0^{\infty}R_L\,\mathrm{d}x$，积分值是一个长度量纲，以 L 来表示，称 L 为平均欧拉尺度，它代表了两点脉动流速发生相关关系的最大距离。对于圆形管道，欧拉空间平均尺度定义为 $L=\int_0^{r_0}R_L\,\mathrm{d}r$。欧拉空间平均尺度的物理意义如图 3-2 所示，即以 L 为底的矩形面积与 R_L 曲线下的面积相等。

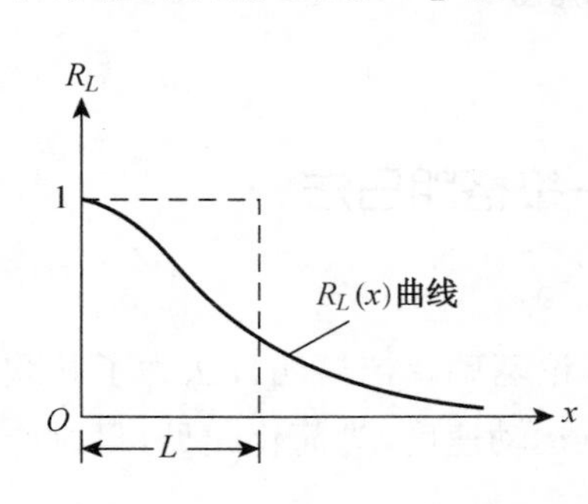

图 3-2 欧拉空间平均尺度示意图

3-2-2 拉格朗日时间相关和紊流尺度

1. 拉格朗日时间相关

拉格朗日时间相关定义为 $\overline{u_{t_1}'u_{t_2}'}$，表示同一质点、不同时刻 t_1、t_2 $(\tau=t_2-t_1)$ 的脉动流速乘积的统计平均值，相应的相关系数为

$$R_\tau=\frac{\overline{u_{t_1}'u_{t_2}'}}{\sqrt{\overline{u_{t_1}'^2}}\sqrt{\overline{u_{t_2}'^2}}} \tag{3-5}$$

对于恒定紊流，有 $\sqrt{\overline{u_{t_1}'^2}}=\sqrt{\overline{u_{t_2}'^2}}=\sqrt{\overline{u_t'^2}}$，所以恒定紊流的拉格朗日时间相关系数为 $R_\tau=\dfrac{\overline{u_{t_1}'u_{t_2}'}}{\overline{u_t'^2}}$。

2. 拉格朗日时间紊流平均尺度

拉格朗日时间尺度的定义为 $T_L=\int_0^{\infty}R_\tau\,\mathrm{d}\tau$，反映了同一点上，不同时刻的随机变量之间保持有联系所经历的时间尺度，也就是说当超过这个时间尺度之后就没有相关关系，变量之间的历史“记忆”便消失了。其物理意义是以 T_L 为底的矩形面积与 R_τ 曲线下的面积相等，如图 3-3 所示。时间平均尺度在紊流扩散的研究中是很重要的。

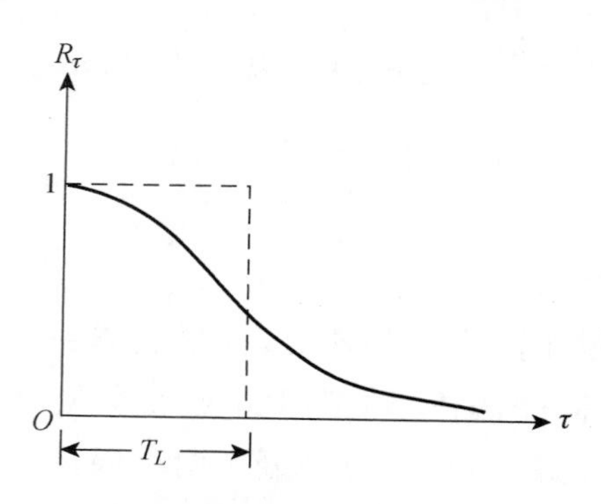

图 3-3　拉格朗日时间平均尺度示意图

§3-3　紊动扩散的泰勒理论——拉格朗日法

泰勒研究单个质点的紊动扩散，奠定了紊动扩散的理论基础。拉格朗日法为了和欧拉法中的流速相区别，以 V 表示拉格朗日法中的流体质点运动速度，为简化起见，只讨论在时间和空间都均匀的紊流场中沿 x 方向的一维扩散。

设有一质点在 $t=0$ 时刻的位置是 $X(0)$，经过时间 t 之后移到新的位置 $X(t)$，则

$$X(t) = X(0) + \int_0^t V(t')\mathrm{d}t' \tag{3-6}$$

若把坐标原点放在 $X(0)$ 的位置，即 $X(0)=0$，经过时间 t 之后移动到新的位置 $X(t)$，故上式可以简化为

$$X(t) = \int_0^t V(t')\mathrm{d}t' \tag{3-7}$$

令开始扩散的时间为 t_0，经过时间 t，质点移动距离为 $X(t_0+t)$，有

$$X(t_0 + t) = \int_0^t V(t_0 + t')\mathrm{d}t' \tag{3-8}$$

由于紊流是均匀的，无论何时开始扩散，也无论以何处开始扩散，作为一个统计特征值，位移的方差$\overline{X}^2$只是时间 t 的函数，并可以用时间平均代替统计平均。

$$\begin{aligned}\overline{X^2(t)} &= \frac{1}{T}\int_0^T X^2(t_0+t)\mathrm{d}t_0 \\ &= \frac{1}{T}\int_0^T \mathrm{d}t_0\int_0^t V(t_0+t')\mathrm{d}t'\int_0^t V(t_0+t'')\mathrm{d}t'' \\ &= \int_0^t \mathrm{d}t'\int_0^t \mathrm{d}t''\left[\frac{1}{T}\int_0^T V(t_0+t')V(t_0+t'')\mathrm{d}t_0\right] \\ &= \int_0^t \mathrm{d}t'\int_0^t \overline{V(t_0+t')V(t_0+t'')}\mathrm{d}t'' \end{aligned} \tag{3-9}$$

因$\int_0^t\int_0^t \mathrm{d}t'\mathrm{d}t'' = 2\int_0^t \mathrm{d}t'\int_0^{t'}\mathrm{d}t''$，式中左边$\mathrm{d}t'\mathrm{d}t''$是矩形微元从0到$t$的正方形面积上的积分，而正方形面积的积分等于右边对两个对角三角形面积分的两倍(见图3-4)，考虑到被积函数对t'，t''是对称的，即

$$\overline{X^2(t)} = 2\int_0^t \mathrm{d}t'\int_0^{t'} \overline{V(t_0+t')V(t_0+t'')}\mathrm{d}t'' \tag{3-10}$$

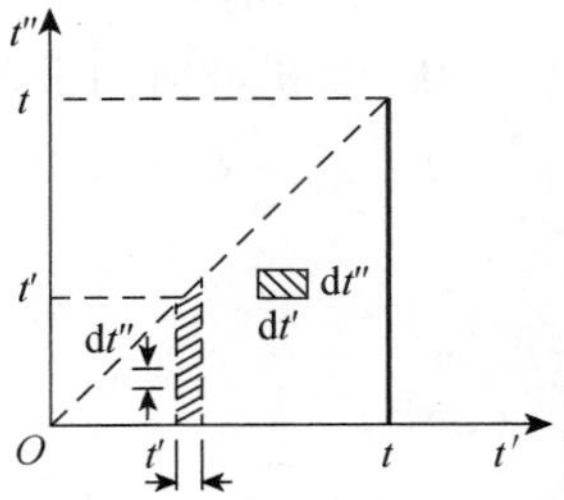

图 3-4

式(3-10)中，$\overline{V(t_0+t')V(t_0+t'')}$的含义是：同一流体质点取时间差为$\tau(\tau=t''-t')$的两个时刻的流速乘积对时间的平均值，如果像分子运动那样每步运动都是独立的随机运动，彼此毫无历史联系，则这个平均值应为零，但紊动情况不同，一个质点在两个瞬间的流速是相关的，只要相隔时间τ不太大，这个平均值就不等于零。用拉格朗日自相关系数R_τ来表示这个相关，由于自相关系数为

$$R(X, Y) = \frac{E\{[X-E(X)][Y-E(Y)]\}}{\sqrt{D(X)}\sqrt{D(Y)}}$$

不失一般性，取速度的平均值为零(或将坐标系取为以平均速度移动的运动坐标系)，得到

$$R_\tau = \frac{\overline{V(t_0+t')V(t_0+t'')}}{\overline{V^2}}$$

代入式(3-10)，得到

$$\begin{aligned}\overline{X^2(t)} &= 2\int_0^t \mathrm{d}t'\int_{-t'}^0 \overline{V(t_0+t')V(t_0+t'+\tau)}\mathrm{d}\tau \\ &= -2\int_0^t \mathrm{d}t'\int_0^{-t'} \overline{V(t_0+t')V(t_0+t'+\tau)}\mathrm{d}\tau \\ &= 2\int_0^t \mathrm{d}t'\int_0^{t'} \overline{V(t_0+t')V(t_0+t'-\tau)}\mathrm{d}\tau \\ &= 2\overline{V^2}\int_0^t \mathrm{d}t'\int_0^{t'} R_\tau \mathrm{d}\tau \end{aligned} \tag{3-11}$$

对上式进行分部积分得到

$$\int_0^t dt' \int_0^{t'} R_\tau d\tau = \left(t' \int_0^{t'} R_\tau d\tau \right) \bigg|_0^t - \int_0^t t' R_{t'} dt'$$
$$= t \int_0^t R_\tau d\tau - \int_0^t \tau R_\tau d\tau \tag{3-12}$$

式(3-11)成为

$$\overline{X^2(t)} = 2\,\overline{V^2} \int_0^t (t-\tau) R_\tau d\tau \tag{3-13}$$

对于扩散时间很短或很长的两种极端情况，式(3-13)可以求解如下：

1. 当扩散时间很短

$t \ll T_L$，$R_\tau \approx 1$，由式(3-13)得到

$$\overline{X^2(t)} \approx \overline{V^2} t^2 \tag{3-14a}$$

或

$$\sqrt{\overline{X^2(t)}} \approx \sqrt{\overline{V^2}}\, t \tag{3-14b}$$

所以扩散初期质点扩散距离的均方差与扩散时间成正比，而由 $\sigma=\sqrt{2Dt}$，分子扩散的均方差 σ 与 $\sqrt{t}$ 成正比，因此扩散时间很短的扩散属于非费克型扩散。

2. 扩散时间很长

设到某时刻 t^* 时可认为已无相关，即 $t=t^*$ 时，$R_\tau \approx 0$。则当 $t \gg t^*$ 时，

$$\int_0^t (t-\tau) R_\tau d\tau = t \int_0^{t^*} R_\tau d\tau - \int_0^{t^*} \tau R_\tau d\tau$$

当 t 很大时，右边第二项比第一项小很多，可忽略。令 $\int_0^{t^*} R_\tau d\tau = T_L$，称为拉格朗日积分时间比尺，表示一个质点在运动过程中经历的时间。式(3-13)成为

$$\overline{X^2(t)} \approx 2\,\overline{V^2}\, t T_L \tag{3-15a}$$

或

$$\sqrt{\overline{X^2(t)}} \approx \sqrt{\overline{V^2}}\,\sqrt{2tT_L} \tag{3-15b}$$

表明当扩散时间很长时，质点的扩散距离的均方差与$\sqrt{t}$成正比，这样的紊动扩散属于费克型扩散。

判断扩散时间长短的依据就是拉格朗日时间尺度 T_L，它是摆脱质点历史影响所经历的时间的度量。因此可以说，当 $t \ll T_L$ 时，式(3-14)成立；当 $t \gg T_L$ 时，(3-15)式成立。

将紊动扩散与分子扩散比较，分子扩散是完全随机的，没有什么历史影响，分子达到

某处的概率服从正态分布，其方差 σ^2 与扩散时间 t 成正比。在恒定均匀紊流扩散中，在紊动扩散后期，当 $t \gg T_L$ 时，扩散的方差 $\overline{X^2(t)}$ 也与时间 t 成正比。因此可以引入一个类似分子扩散的紊动扩散系数 E，即

$$E = \frac{1}{2}\frac{d\,\overline{X^2(t)}}{dt} = \overline{V^2}T_L = \overline{V^2}\int_0^{t^*} R_\tau d\tau \approx \overline{V^2}\int_0^{\infty} R_\tau d\tau \tag{3-16}$$

令

$$\Lambda_L = \sqrt{\overline{V^2}}T_L = \sqrt{\overline{V^2}}\int_0^{\infty} R_\tau d\tau$$

则

$$E = \Lambda_L \sqrt{\overline{V^2}} \tag{3-17}$$

Λ_L 为拉格朗日空间积分比尺（也称拉格朗日扩散长度比尺，是流速尺度与拉格朗日时间尺度的乘积，同样是反映旋涡尺度的量度）。式(3-17)表明，当扩散时间较长时，E 与 Λ_L 成比例，因而可以认为紊动扩散系数主要取决于大尺度的涡旋运动。

是否当 $t \gg T_L$ 时紊动扩散到达某处的概率服从正态分布呢？根据实验资料，恒定均匀紊流的流速场在 $t \gg T_L$ 时是接近正态分布的，因此可以认为 $X(t)$ 也是按正态分布的。所以对于紊动扩散可按分子扩散的规律处理。

$$\frac{\partial C}{\partial t} = E\frac{\partial^2 C}{\partial x^2} \tag{3-18}$$

上式即为紊流扩散方程。分子扩散系数 D 是由物质性质决定的，而紊动扩散系数 E 是和流场特性密切相关。

例 3-1 设一均匀紊流内，在原点投入许多示踪质粒子，测量不同时刻粒子的横向位移 X，X^2 的统计平均值及通过原点后的时间 t 的数值如下表所列，试绘出 $X^2 \sim t$ 的关系曲线，据以推求紊动扩散系数 E。同时计算 $\overline{V^2}$ 及扩散长度比尺 Λ_L。

t/s	0.1	0.2	0.3	0.4	0.5	0.6	0.7	0.8	0.9	1
$\sqrt{\overline{X^2(t)}}/10^{-2}$ m^2	0.245	0.48	0.728	0.964	1.2	1.41	1.61	1.79	1.94	2.09
$\overline{X^2(t)}/10^{-4}$ m^2	0.06	0.23	0.53	0.93	1.44	2	2.59	3.19	3.78	4.38

解: 按表格数据绘出曲线如图所示，

左图为 $\sqrt{\overline{X^2(t)}}$ 与时间 t 的关系图，右图为 $\overline{X^2(t)}$ 与 t 的关系图。可以看出，当 $t \leqslant$ 0.2 s时，$\sqrt{\overline{X^2(t)}}$ 与 t 满足式(3-14)，为线性关系。当 $t \geqslant 0.7$ s 时，$\overline{X^2(t)}$ 与 t 满足式(3-15)，为线性关系。

由式(3-14)(b) $\sqrt{\overline{X^2(t)}} \approx \sqrt{\overline{V^2}}\,t$，可以得到

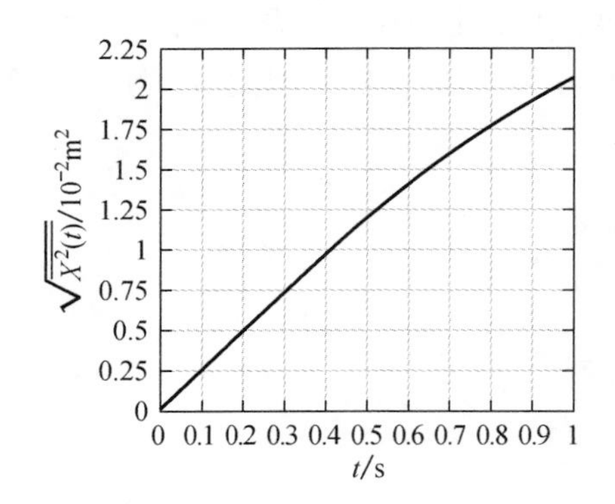

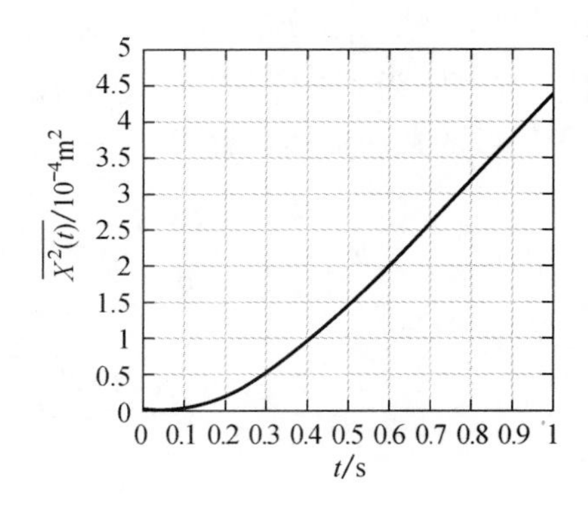

例 3-1　附图

$$\sqrt{\overline{V^2}} \approx \frac{\sqrt{\overline{X^2(t)}}}{t} = \frac{0.48 \times 10^{-2}}{0.2} = 0.024 \text{ m/s}$$

由式(3-16)$E = \dfrac{1}{2}\dfrac{\mathrm{d}\,\overline{X^2(t)}}{\mathrm{d}t}$,可以得到

$$E = \frac{1}{2}\frac{\Delta\,\overline{X^2(t)}}{\Delta t} = \frac{1}{2} \times \frac{4.38 - 2.59}{1.0 - 0.7} = 3 \times 10^{-4} \text{ m}^2/\text{s}$$

由式(3-17)$E = \Lambda_L \sqrt{\overline{V^2}}$,可以得到扩散长度比尺

$$\Lambda_L = \frac{E}{\sqrt{\overline{V^2}}} = \frac{3 \times 10^{-4}}{0.024} = 1.25 \times 10^{-2} \text{ m}$$

§3-4　紊动扩散的欧拉法

现在用欧拉法研究紊流扩散。用欧拉法研究紊动扩散不是追踪扩散质的质点,而是研究流动空间中扩散质的浓度分布,即浓度场的确定。

在第二章中已讨论过流动水体中的扩散——移流扩散问题,并且得出了移流扩散方程为

$$\frac{\partial C}{\partial t} + u_x\frac{\partial C}{\partial x} + u_y\frac{\partial C}{\partial y} + u_z\frac{\partial C}{\partial z} = D\left(\frac{\partial^2 C}{\partial x^2} + \frac{\partial^2 C}{\partial y^2} + \frac{\partial^2 C}{\partial y^2}\right) \tag{3-19}$$

在推导上述移流扩散方程时,实际上采用的是欧拉法。当时仅仅是把问题限制为层流运动,而没有考虑流速场和浓度场脉动的存在。如果把该移流扩散方程中流速 u 和浓度 C 作为瞬时量,并引入时均量及脉动分量,则可将其转换为适合紊流情况的移流扩散

方程。

$$u_x = \bar{u}_x + u'_x,$$
$$u_y = \bar{u}_y + u'_y,$$
$$u_z = \bar{u}_z + u'_z,$$
$$C = \overline{C} + C'$$

其中 $\bar{u}$，$\overline{C}$ 代表任意空间点上的流速与浓度的时间平均值，u，C 代表相应的瞬时值，u'，C'代表脉动值。

根据$\overline{f+g}=\bar{f}+\bar{g}$，$\overline{af}=a\bar{f}$，$\overline{f\cdot g}=\bar{f}\cdot\bar{g}+\overline{f'\cdot g'}$，$\overline{\dfrac{\partial f}{\partial s}}=\dfrac{\partial\bar{f}}{\partial s}$，代入式(3-19)并取时间平均，化简整理得：

$$\frac{\partial\overline{C}}{\partial t}+\bar{u}_x\frac{\partial\overline{C}}{\partial x}+\bar{u}_y\frac{\partial\overline{C}}{\partial y}+\bar{u}_z\frac{\partial\overline{C}}{\partial z}=-\frac{\partial}{\partial x}(\overline{u'_xC'})-\frac{\partial}{\partial y}(\overline{u'_yC'})-\frac{\partial}{\partial z}(\overline{u'_zC'})+D\left(\frac{\partial^2\overline{C}}{\partial x^2}+\frac{\partial^2\overline{C}}{\partial y^2}+\frac{\partial^2\overline{C}}{\partial z^2}\right) \tag{3-20}$$

上式与分子扩散比较可以看出，左边第二、三、四项为时均运动所产生的移流扩散项，右边第一、二、三项分别代表正交于 x，y，z 轴的单位面积在单位时间内脉动引起的传输的紊动扩散项。

对于紊动扩散，最主要的是要找到紊动扩散通量$\overline{u'C'}$与时间平均特性的联系，通常采用的方法是比拟分子扩散的费克定律，令

$$\left.\begin{aligned}\overline{u'_xC'}&=-E_x\frac{\partial\overline{C}}{\partial x}\\ \overline{u'_yC'}&=-E_y\frac{\partial\overline{C}}{\partial y}\\ \overline{u'_zC'}&=-E_z\frac{\partial\overline{C}}{\partial z}\end{aligned}\right\} \tag{3-21}$$

式中 E_x，E_y，E_z 为三个直角坐标方向的紊动扩散系数，一般来说它在不同方向具有不同值，并可能是空间坐标的函数。

将(3-21)代入(3-20)式得到三维紊动扩散方程

$$\frac{\partial\overline{C}}{\partial t}+\bar{u}_x\frac{\partial\overline{C}}{\partial x}+\bar{u}_y\frac{\partial\overline{C}}{\partial y}+\bar{u}_z\frac{\partial\overline{C}}{\partial z}=\frac{\partial}{\partial x}\left(E_x\frac{\partial\overline{C}}{\partial x}\right)+\frac{\partial}{\partial y}\left(E_y\frac{\partial\overline{C}}{\partial y}\right)+\frac{\partial}{\partial z}\left(E_z\frac{\partial\overline{C}}{\partial z}\right)+D\left(\frac{\partial^2\overline{C}}{\partial x^2}+\frac{\partial^2\overline{C}}{\partial y^2}+\frac{\partial^2\overline{C}}{\partial z^2}\right) \tag{3-22}$$

对二维紊动扩散方程方程变为

$$\frac{\partial \overline{C}}{\partial t}+\bar{u}_x\frac{\partial \overline{C}}{\partial x}+\bar{u}_y\frac{\partial \overline{C}}{\partial y}=\frac{\partial}{\partial x}\left(E_x\frac{\partial \overline{C}}{\partial x}\right)+\frac{\partial}{\partial y}\left(E_y\frac{\partial \overline{C}}{\partial y}\right)+D\left(\frac{\partial^2 \overline{C}}{\partial x^2}+\frac{\partial^2 \overline{C}}{\partial y^2}\right) \tag{3-23}$$

对一维紊动扩散方程

$$\frac{\partial \overline{C}}{\partial t}+\bar{u}_x\frac{\partial \overline{C}}{\partial x}=\frac{\partial}{\partial x}\left(E_x\frac{\partial \overline{C}}{\partial x}\right)+D\frac{\partial^2 \overline{C}}{\partial x^2} \tag{3-24}$$

§3-5　河流中的紊流扩散系数

河流中的紊流扩散系数有多大？为了回答这个问题，我们需要确定紊流扩散系数取决于哪些关键因素。为了达到这个目的，我们考虑一条水深 h，河宽 W 的河流，且 $W \gg h$，三维紊流的一个重要特点是最大涡流往往受最小空间尺寸的限制，在这里指深度，即在一条宽阔的河流中其紊流特性是与宽度无关，而取决于深度。而且，通常认为紊动是在强剪切区域内产生，在河流中往往处于河床位置。一个表征剪切强度的参数是剪切流速 u_*（通常与很多紊流特性成比例），其定义为

$$u_* = \sqrt{\frac{\tau_0}{\rho}} \tag{3-25}$$

式中 τ_0 是河床剪切力，ρ 是流体密度。对于明渠均匀流，剪切摩擦与重力平衡，而且

$$u_* = \sqrt{ghJ} \tag{3-26}$$

式中 J 是渠道底坡。定义扩散系数由两个参数（h 和 u_*）构成，即

$$E \propto u_* h \tag{3-27}$$

由于在垂向（z）和横向（y）的流速断面分布差异较大，所以 E 一般不是各向同性的（也就是说在各个方向是不等的）。

1. 垂向混合系数 E_y

垂向紊流扩散系数可以从垂向速度分布推出（参考 Fischer et al. (1979)）。对于完全湍流明渠流，可以得出湍流对数平均流速分布

$$u = u_m + \frac{u_*}{k}\ln(1-\eta) \quad \left(\eta = \frac{y}{h}\right) \tag{3-28}$$

式中，k 是冯 · 卡门常数，通常取为 0.4。

假定在紊流中由紊动而引起的扩散物质的传递和热量、动量的传递性相同，其扩散系数相等，即所谓的雷诺比拟

$$E = -\frac{\tau}{\rho \frac{\mathrm{d}u}{\mathrm{d}y}} = -\frac{m}{\frac{\mathrm{d}C}{\mathrm{d}y}} \tag{3-29}$$

式中，τ 为紊动切应力，m 为浓度为 C 的扩散物质沿垂向的扩散率，E 为垂向的紊动扩散系数。

雷诺比拟已为实验所证实，它对于近固壁处紊流是吻合的。对于自由紊流则不符合实际。

因为$\frac{\tau}{\tau_0} = \frac{y}{h} = \eta$，故

$$\frac{\tau}{\rho} = \frac{\tau_0 \eta}{\rho} = u_*^2 \eta \tag{3-30}$$

由式(3-28)得到

$$\frac{\mathrm{d}u}{\mathrm{d}y} = -\frac{u_*}{kh(1-\eta)} \tag{3-31}$$

将式(3-30)、式(3-31)代入式(3-29)，得到

$$E_y = khu_* \eta(1-\eta) \tag{3-32}$$

将垂向紊动扩散系数在垂向平均，得到

$$\langle E_y \rangle = khu_* \int_0^1 \eta(1-\eta)\mathrm{d}\eta = \frac{1}{6}khu_* \tag{3-33}$$

取 $k=0.4$，我们得到

$$\langle E_y \rangle = 0.067hu_* \tag{3-34}$$

Crickmore 在感潮河道上做的现场试验也证实了上式是合适的。

2. 横向混合系数 E_z

天然河道的沿纵向横剖面变化较大，且常很不规则，岸边还会有各种建筑物的影响。这些都会使得流动在横向分布不均匀，引起横向的扩散。河宽一般又远大于水深，横向扩散不会像垂向扩散那样很快完成，因此就更为重要。

在一些(费舍尔等)Fischer et al. (1979)的实验室和现场实验中，总结出均匀长直渠道的平均横向紊流扩散系数，可以表示为

$$E_z = 0.15hu_* \tag{3-35}$$

实验表明，宽度影响横向混合效果，可是，如何考虑这个影响还不明确(Fischer et al. 1979)。横向混合系数与式(3-35)的偏差主要是由于存在大量相互干扰的横向运动，而

这些横向运动不是湍流的最主要特征。基于实验所得的变化范围,式(3-35)可以认为精确到±50%。

天然河流中,由于横断面水深很少是均匀的,大多呈无规则变化,且平面上多有弯曲,变化不规则,河渠边壁有局部突出的河岸、丁坝、护堤,这些因素对垂向扩散没有明显的影响,因为垂向扩散的尺度受局部水深的制约,然而对横向扩散将发生强烈的影响,所以Fischer et al(1979)给出天然河流中的关系式

$$E_z = 0.6hu_* \tag{3-36}$$

如果河流是缓慢流动且边壁的不规则度适中,式(3-36)中的系数一般在0.4～0.8范围内。使用上费希尔建议可采用α_y=0.6(1±50%)。

3. 纵向混合系数 E_x

从理论上说,紊动引起的纵向扩散和横向扩散都不受边界的制约,因而可以预计纵向扩散系数和横向扩散系数有相同的量级。然而,由于垂向流速分布的不均匀性和其他不均匀性因素(死区、河道弯曲、深度不均匀性等),纵向混合是由纵向离散过程所主导的,因此可以忽略E_x,而以纵向离散系数(详见第四章)来代替。例如,埃尔德在对数流速分布情况下得到的离散系数值(见§4-2)是E_L=5.93hu,共值约为式(3-36)所给的紊动混合系数估计值的40倍,所以实际上可以忽略紊动纵向混合。

例如,天然河流宽W=10 m,深h=0.3 m,流量Q=1 m^3/s,坡度J=0.000 5,由式(3-34)、(3-36)可得

$$E_z = 6.4 \cdot 10^{-4}\ \mathrm{m^2/s}$$

$$E_y = 5.7 \cdot 10^{-3}\ \mathrm{m^2/s}$$

$$E_x = 5.7 \cdot 10^{-3}\ \mathrm{m^2/s}$$

这些计算式表明,在天然河道中E比分子扩散系数D大了好几个数量级,因此,可以忽略分子扩散系数D。

习 题

3-1 考虑时间连续恒定点源无界空间的一维随流二维横向扩散的稳态情形,由量纲分析有$\overline{C}=\dfrac{\dot{M}}{Dx}f(\eta)$,式中,$\eta=\dfrac{ur^2}{Dx}$,$(x, r)$为圆柱坐标,$r^2=y^2+z^2$;$u$为水流$x$方向的流速(常数);$\dot{M}$为单位时间排放的污染物质量(常数);$f$为待求函数。基本方程为$u\dfrac{\partial C}{\partial x}=\dfrac{D}{r}\dfrac{\partial}{\partial r}\left(r\dfrac{\partial C}{\partial r}\right)$,条件式为$u\int_0^\infty C2\pi r\mathrm{d}r=\dot{M}$。试求证浓度场的解为$\overline{C}(x, r)=\dfrac{\dot{M}}{4\pi Dx}$

$\exp\left[-\frac{r^2 u}{4D}\right]$。

3-2 考虑时间连续无限长恒定线源无界空间的一维随流一维横向扩散的稳态情形，由量纲分析有 $\overline{C}=\frac{\dot{m}_z}{\sqrt{Dux}}f(\eta)$，式中，$\eta=\frac{uy^2}{Dx}$，$u$ 为水流 x 方向的流速(常数)；$\dot{m}_z$ 为单位时间在 z 轴单位长度上排放的污染物质量(常数)；f 为待求函数。基本方程为 $u\frac{\partial C}{\partial x}=D\frac{\partial^2 C}{\partial y^2}$，条件式为 $u\int_{-\infty}^{\infty}C\mathrm{d}y=\dot{m}_z$。试求证浓度场的解为 $\overline{C}(x,y)=\frac{C_0}{2}\mathrm{erfc}\left[\frac{y}{\sqrt{4Dx/u}}\right]$。

3-3 水流沿 x 方向作均匀流动。假设测得不同时刻示踪质在 y 方向的位移方差 $\overline{y^2}$ (见下表)。试估计 y 方向的紊动扩散系数 E_y 和拉格朗日时间平均尺度 T_L。

t/s	0.1	0.2	0.3	0.4	0.5	0.6	0.7	0.8	0.9	1.0
$\overline{y^2}$/cm^2	0.063	0.25	0.52	0.90	1.35	1.92	2.5	3.08	3.65	4.25

3-4 在一棱柱体的长渠中，一端($x=0$)处安有闸门以控制上游的水库来水，水库的水已受到污染(浓度 $C_0=100$ mg/L)，由于有闸门相隔，渠内的水仍保持清洁($C=0$)。当时间 $t=0$ 时，开启闸门，渠水流速 $u=0.75$ m/s，纵向紊动扩散系数 $E_x=0.9$ m^2/s。试应用式(2-57)绘出当 $t=900$ s 时渠内的浓度 C 与距离 x 的关系曲线(取 $x=0$，500 m，600 m，650 m，675 m，700 m，750 m，800 m，850 m 进行计算)。

3-5 在室内水槽进行试验，设水槽右端为封闭，左端很长。在水槽距右端 10 m 的断面 A-A 以平面源方式瞬时投放示踪剂。试计算投放后 10 分钟在距右端投放量 5 m 的 B-B 断面及在 A-A 断面左方 10 m 的 C-C 断面上的示踪剂浓度。投放量 $M=1$ kg/m^3，已知扩散系数为 200 cm^2/s，计算中要考虑右端边界反射，若不计边界反射，B-B 断面及 C-C 断面浓度又为多少？

3-6 棱柱形明渠的断面面积为 100 m^2，平均流速为 0.2 m/s。在明渠某断面处把 20 kg 质量的示踪质瞬时均匀投放在该断面上，求在距投放点下游 200 m 处 20 min 后的浓度。假定紊动扩散系数 $E_x=0.8$ m^2/s。

3-7 在一范围很大的水域中的某点瞬时投放 10 kg 的示踪质，在主流方向上有均匀流速 $\overline{u_x}=0.4$ m/s，求在 240 s 后在 $x=100$ m，$y=z=0$ 处浓度值，设紊动扩散系数分别为 $E_x=0.2$ m^2/s，$E_y=E_z=0.03$ m^2/s。

第四章

剪切流的离散

从前面的章节中可以看出，紊流脉动流速产生了垂向紊动混合，可以用紊动混合系数的费克扩散过程来描述，在这章里，我们将考虑非均匀流速、剪切流的空间速度分布对于污染物质的运输会有什么影响。

若流速在过流断面上存在流速梯度，则必有剪切力存在。实际生活中的管流或明渠流均属剪切流。层流是剪切流的例子，对于紊流，除了各向同性均匀紊流外，亦属剪切流。

研究示踪物在水流中的扩散，若流场按三维问题分析，流速代表了每一空间点上的实际速度，并未做空间平均的处理，所得到的扩散通量或浓度代表了当地的真实扩散通量或浓度。

但是研究管道或明渠水流的混合与扩散问题时，很多时候把它们作为一维流动来处理，以假想的断面平均流速作为水流速度计算物质的扩散，由于实际流速不均匀分布和断面平均流速的均匀分布的差异，引起的真实的扩散量与按断面平均流速计算的扩散量不相等，因此我们把由于流速不均匀分布造成的附加扩散称剪切流离散或简称离散。

河流侧视图

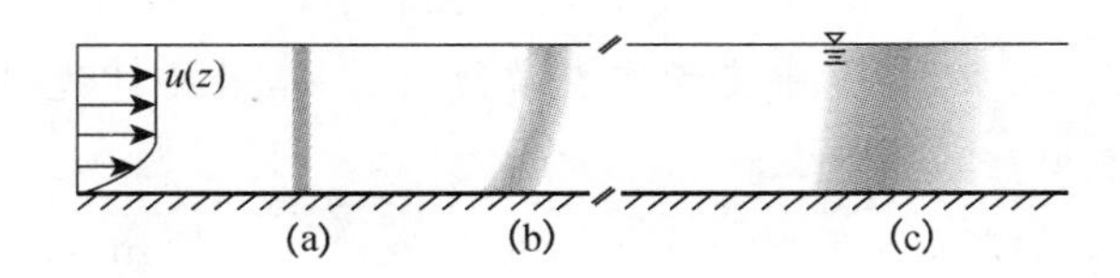

深度方向上平均浓度分布

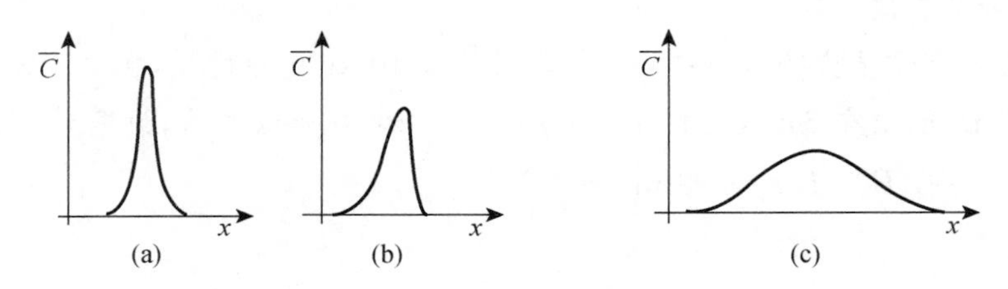

图 4-1　纵向离散过程示意图

如图 4-1 所示，图中(a)图表示示踪剂均匀注入处的浓度分布，(b)图表示示踪剂在剪切力作用下的扩散,(c)图表示垂向扩散使垂向浓度均匀分布,断面上浓度的变化是符合深度平均的高斯分布的。

图 4-1 大致描述了在明渠流中剪切流对染色剂的影响。如果我们注入污染物质,使其能够均匀地分布在图(a)处的截面,就不会有垂向浓度梯度,因此,在该点处就没有垂向净扩散通量。示踪剂将平流输移至下游,并在剪切流速度分布中,因平流速度的不同而扩散开来。经过短距离扩散至下游,示踪剂浓度分布将如图(b)所示,该处垂向浓度梯度很明显。由于垂向流速分布不均匀,一些微粒的运动速度较另一些流体微粒快,导致垂直于流动方向上的浓度梯度增加,垂向扩散作用加强,垂向净扩散通量很大,导致垂向浓度梯度逐渐平坦化。随着示踪剂继续向下游扩散,垂向紊流扩散将会消除垂向浓度梯度,在足够远的下游,示踪剂分布将如图(c)所示。该处示踪剂量比仅由纵向紊流扩散所引起的量大。这个包括平流过程和垂向扩散的过程称为离散。

§4-1　剪切流的离散方程

有些问题如管道、渠槽等流动中的扩散可以简化为一维问题处理。按总流的分析方法采用断面平均流速 V 和断面平均浓度 C_a 来计算,建立以断面平均值表达的扩散方程。对于紊流,各参量的断面平均值、瞬时值、时均值、脉动值之间的关系为:令 $\hat{u}$ 、$\hat{C}$ 表示断面上的任一点的时均流速和时均浓度 $\bar{u}$、$\bar{C}$ 与其断面平均值 V、C_a之差,即

$$u = \bar{u} + u' = V + \hat{u} + u'$$
$$C = \bar{C} + C' = C_a + \hat{C} + C'$$

其中 $\bar{u}$,$\bar{C}$ 为时均流速、时均浓度。

通过单位面积在单位时间内的扩散质通量(或浓度通量)的时均值为$\overline{uC}$,

$$\overline{uC} = \overline{(V + \hat{u} + u')(C_a + \hat{C} + C')} = (V + \hat{u})(C_a + \hat{C}) + \overline{u'C'} \qquad (4\text{-}1)$$

其中 $\overline{u'\hat{C}} = 0, \overline{u'\bar{C}} = 0, \overline{C'} = 0$。

将式(4-1)再对断面 A 取平均,并以符号〈・・・〉表示各项的断面平均值,可写浓度通量的断面平均值为

$$\begin{aligned}\frac{1}{A}\int_A \overline{uC}\mathrm{d}A &= \langle (V + \hat{u})(C_a + \hat{C}) + \overline{u'C'} \rangle \\ &= \langle VC_a \rangle + \langle V\hat{C} \rangle + \langle \hat{u}C_a \rangle + \langle \hat{u}\hat{C} \rangle + \langle \overline{u'C'} \rangle\end{aligned} \qquad (4\text{-}2)$$

考虑到$\langle \hat{C} \rangle = \langle \hat{u} \rangle = 0, \langle V \rangle = V, \langle C_a \rangle = C_a$

则

$$\int_A \overline{uC}\mathrm{d}A = AVC_a + A(\langle \hat{u}\,\hat{C}\rangle + \langle \overline{u'C'}\rangle) \tag{4-3}$$

现根据物质守恒定律建立扩散方程，为了方便，以明渠流为例，如图4-2所示，在明渠流动中取一微分流段 $\mathrm{d}x$，设流段的上游断面面积为 A，断面平均流速为 V，通过上游断面的扩散物质流量为 $\int_A \overline{uC}\mathrm{d}A$ ，u 和 C 为断面上任意点处的流速与含有物浓度，通过下游断面的扩散物质量浓度为 $\int_A \overline{uC}\mathrm{d}A + \frac{\partial}{\partial x}\int_A \overline{uC}\mathrm{d}A\mathrm{d}x$ ，故

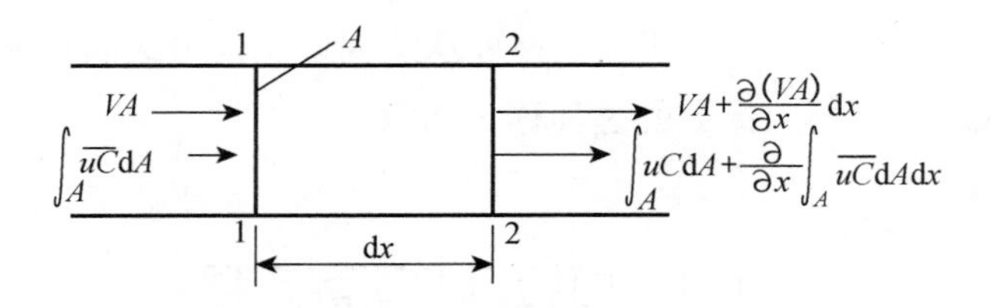

图4-2　流量平衡定律与质量守恒定律示意图

设 $\mathrm{d}t$ 时段内流入与流出微分流段的扩散物质量之差为 $-\frac{\partial}{\partial x}\int_A \overline{uC}\mathrm{d}A\mathrm{d}x\mathrm{d}t$ ，若所研究扩散物质为示踪物质，$\mathrm{d}t$ 时段内流入与流出的扩散物质量之差应当与 $\mathrm{d}t$ 时段内流段内扩散物质量增量相等，即

$$\frac{\partial}{\partial t}(C_a A\,\mathrm{d}x)\mathrm{d}t = -\frac{\partial}{\partial x}\int_A \overline{uC}\mathrm{d}A\mathrm{d}x\mathrm{d}t \tag{4-4}$$

化简得

$$\frac{\partial(C_a A)}{\partial t} = -\frac{\partial}{\partial x}\int_A \overline{uC}\mathrm{d}A \tag{4-5}$$

又根据通过上游断面流进微元体的流量为 VA，通过下游断面流出微元体的流量为 $VA + \frac{\partial(VA)}{\partial x}\mathrm{d}x$ ，$\mathrm{d}t$ 时段内流入与流出微元体的流量差为 $-\frac{\partial(VA)}{\partial x}\mathrm{d}x\mathrm{d}t$ ，应当等于 $\mathrm{d}t$ 时段内微元体内部的体积变化，所以可以得出

$$\frac{\partial(A\mathrm{d}x)}{\partial t}\mathrm{d}t = -\frac{\partial(VA)}{\partial x}\mathrm{d}x\mathrm{d}t$$

化简得无侧向入流的明渠一维非恒定流连续性方程

$$\frac{\partial A}{\partial t} = -\frac{\partial(VA)}{\partial x} \tag{4-6}$$

将式(4-3)代入式(4-5)，得到

$$\frac{\partial C_a A}{\partial t}=-\frac{\partial}{\partial x}[AVC_a+A(\langle\hat{u}\,\hat{C}\rangle+\langle\overline{u'C'}\rangle)] \tag{4-7}$$

将式(4-7)等式左边展开得

$$\frac{\partial(C_a A)}{\partial t}=A\frac{\partial C_a}{\partial t}+C_a\frac{\partial A}{\partial t} \tag{4-8}$$

将式(4-7)等式右边第一项展开得

$$-\frac{\partial}{\partial x}(AVC_a)=-C_a\frac{\partial(AV)}{\partial x}-AV\frac{\partial C_a}{\partial x} \tag{4-9}$$

将式(4-8)、(4-9)代入式(4-7)则得到

$$A\frac{\partial C_a}{\partial t}+C_a\frac{\partial A}{\partial t}=-C_a\frac{\partial(AV)}{\partial x}-AV\frac{\partial C_a}{\partial x}-\frac{\partial}{\partial x}[A(\langle\hat{u}\,\hat{C}\rangle+\langle\overline{u'C'}\rangle)] \tag{4-10}$$

由式(4-6)$\frac{\partial A}{\partial t}=-\frac{\partial(VA)}{\partial x}$得到

$$\frac{\partial C_a}{\partial t}+V\frac{\partial C_a}{\partial x}=-\frac{1}{A}\frac{\partial}{\partial x}[A(\langle\hat{u}\,\hat{C}\rangle+\langle\overline{u'C'}\rangle)] \tag{4-11}$$

其中，$\langle\hat{u}\,\hat{C}\rangle$ 为流速和浓度在断面上分布不均匀引起的离散，$\langle\overline{u'C'}\rangle$ 为紊流脉动引起的扩散。

比拟菲克定律，得到

$$\langle\hat{u}\,\hat{C}\rangle=-E_L\frac{\partial C_a}{\partial x} \tag{4-12}$$

$$\langle\overline{u'C'}\rangle=-E_X\frac{\partial C_a}{\partial x} \tag{4-13}$$

E_L 为纵向移流离散系数，E_X 为紊动扩散系数。

得到

$$\frac{\partial C_a}{\partial t}+V\frac{\partial C_a}{\partial x}=\frac{1}{A}\frac{\partial}{\partial x}\left[A(E_L+E_X)\frac{\partial C_a}{\partial x}\right]$$

若过流断面面积 A＝常数，则得到

$$\frac{\partial C_a}{\partial t}+V\frac{\partial C_a}{\partial x}=\frac{\partial}{\partial x}\left[(E_L+E_X)\frac{\partial C_a}{\partial x}\right]$$

令 $M=E_L+E_x$ ，得到

$$\frac{\partial C_a}{\partial t}+V\frac{\partial C_a}{\partial x}=\frac{\partial}{\partial x}\left(M\frac{\partial C_a}{\partial x}\right) \tag{4-14}$$

上式即为一维移流离散方程，其中 M 为综合扩散系数或混合系数，当 M 沿流程不变时，移流扩散方程为

$$\frac{\partial C_a}{\partial t}+V\frac{\partial C_a}{\partial x}=M\frac{\partial^2 C_a}{\partial x^2} \tag{4-15}$$

一般情况下，$E_L \gg E_x \gg D$，故常忽略 D 和 E_x，以离散为主取 $M=E_L$ 计算。其求解方法和第二章的移流扩散方程完全一样，关键是如何确定离散系数，离散系数与断面流速分布情况有关，要针对不同情况来定。为了简化起见，本书后面将紊流时均流速和时均浓度简称流速和浓度，并省去字母上方的横线。

§4-2 圆断面管流中的离散

4-2-1 圆管层流中的离散

三维移流扩散方程为

$$\frac{\partial C}{\partial t}+u_x\frac{\partial C}{\partial x}+u_y\frac{\partial C}{\partial y}+u_z\frac{\partial C}{\partial z}=D\left(\frac{\partial^2 C}{\partial x^2}+\frac{\partial^2 C}{\partial y^2}+\frac{\partial^2 C}{\partial z^2}\right)$$

对于圆管流动，采用圆柱坐标比较方便，流速只有沿纵向流速，即 $u_y=u_z=0$，则得到

$$\frac{\partial C}{\partial t}+u_r\frac{\partial C}{\partial x}=D\left(\frac{\partial^2 C}{\partial x^2}+\frac{\partial^2 C}{\partial r^2}+\frac{1}{r}\frac{\partial C}{\partial r}\right) \quad \text{（推导过程详见附录 4-1）} \tag{4-16}$$

式中，r 为从圆心算起的径向坐标，x 为与管轴方向一致的纵向坐标轴，u_r 为距管轴为 r 处的纵向流速，由于沿纵向的分子扩散很小，可忽略，故右边第一项可以略去。则得到

$$\frac{\partial C}{\partial t}+u_r\frac{\partial C}{\partial x}=D\left(\frac{\partial^2 C}{\partial r^2}+\frac{1}{r}\frac{\partial C}{\partial r}\right) \tag{4-17}$$

由于 $u_r=V+\hat{u}$，式(4-17)变为

$$\frac{\partial C}{\partial t}+(V+\hat{u})\frac{\partial C}{\partial x}=D\left(\frac{\partial^2 C}{\partial r^2}+\frac{1}{r}\frac{\partial C}{\partial r}\right) \tag{4-18}$$

由圆管层流的流速分布公式 $u_r=u_m\left(1-\frac{r^2}{r_0^2}\right)$，其中 r_0 为管的半径，u_m 为管轴处流速。令 $\varphi=\frac{r}{r_0}$，则断面平均流速 V 为

$$V=\frac{\int_0^{r_0}u_m\left(1-\frac{r^2}{r_0^2}\right)2\pi r\mathrm{d}r}{\pi r_0^2}=2\int_0^1 u_m(1-\varphi^2)\varphi\mathrm{d}\varphi=\frac{1}{2}u_m$$

把固定坐标 x 改为以平均流速 V 移动的动坐标 ξ，则

$$\xi=x-Vt=x-\frac{1}{2}u_m t,\ t=\tau$$

得

$$\begin{cases}\dfrac{\partial}{\partial x}=\dfrac{\partial}{\partial \xi}\dfrac{\partial \xi}{\partial x}=\dfrac{\partial}{\partial \xi}\\[2ex]\dfrac{\partial}{\partial t}=\dfrac{\partial}{\partial \xi}\dfrac{\partial \xi}{\partial t}+\dfrac{\partial}{\partial \tau}\dfrac{\partial \tau}{\partial t}=\dfrac{\partial}{\partial \tau}-V\dfrac{\partial}{\partial \xi}\end{cases}$$

式(4-18)变为

$$\frac{\partial C}{\partial \tau}+\hat{u}\frac{\partial C}{\partial \xi}=D\left(\frac{\partial^2 C}{\partial r^2}+\frac{1}{r}\frac{\partial C}{\partial r}\right) \tag{4-19}$$

当扩散时间足够长时，C 随时间的变化很慢，上式中，可以近似地认为 $\dfrac{\partial C}{\partial \tau}=0$，也就是近似地认为 $\dfrac{\partial C}{\partial t}+V\dfrac{\partial C}{\partial \xi}=0$。泰勒深入分析现象的物理过程，对方程做了合理简化。他认为，圆管层流的扩散有两个因素在起作用，一个是断面上纵向流速分布不均匀使扩散质在纵向离散，另一个是径向浓度梯度的存在引起的径向分子扩散(图 4-3)。

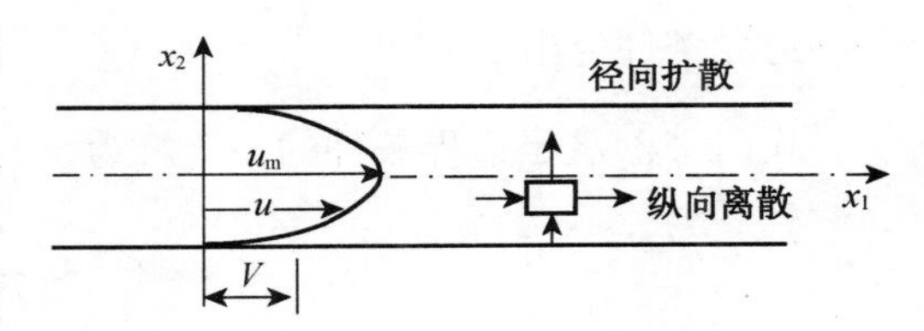

图 4-3　泰勒假定示意图

在扩散初期，纵向离散的作用很强，远大于径向分子扩散作用。随着扩散质纵向浓度梯度的减小，纵向离散作用不断减弱，但因为纵向离散维持着径向的浓度梯度，从而使径向的分子扩散作用能够始终保持。当扩散时间增大到一定程度后，两种作用保持平衡。

分析中还可以引入两个时间比尺来衡量上述两种作用的强弱，分析各因素发挥作用所需的时间。径向分子扩散的时间比尺 t_1 应与半径 r_0 和分子扩散系数 D 有关，从量纲分析可得 $t_1\propto\dfrac{r_0^2}{D}$，设扩散质扩展距离为 L，管轴流速为 u_m，则纵向离散的时间比尺为 $t_2\propto\dfrac{L}{u_m}$。可见 t_1 是个常量，而 t_2 随 L 的增大而加大，L 是随扩散时间增加而增大的，当扩散时间很长时，使得 $\dfrac{L}{u_m}\gg\dfrac{r_0^2}{D}$ 时，两种作用就会得到平衡。进一步验证了泰勒假设的合理性。举一个具有数量级的例子，对于水中的盐，$D\approx10^{-5}\ \mathrm{cm^2/s}$。在一个直径为 2 mm 的管中，最大速度为 1 cm/s 的流动，$E_L=\dfrac{r_0^2u_m^2}{192D}=5.2\ \mathrm{cm^2/s}$，它比 D 大几十万倍。起始时间 $\dfrac{r_0^2}{D}=$ 1 000 s，在此期间示踪块团将流动 500 cm，或 5 000 倍管子半径的距离，因此在流动的最

初 5 000 倍管子半径距离内的离散不能用一维离散方程来表述，这是应用这个方程的一个重要限制。

在这种条件下，方程中的$\frac{\partial C}{\partial \tau}$可以忽略，方程简化为

$$\hat{u}\ \frac{\partial C}{\partial \xi}=D\left(\frac{\partial^2 C}{\partial r^2}+\frac{1}{r}\ \frac{\partial C}{\partial r}\right) \tag{4-20}$$

也可以写成

$$\hat{u}\ \frac{\partial C}{\partial \xi}=\frac{D}{r_0^2}\left(\frac{\partial^2 C}{\partial \varphi^2}+\frac{1}{\varphi}\ \frac{\partial C}{\partial \varphi}\right)\left(\varphi=\frac{r}{r_o}\right) \tag{4-21}$$

设 $C=C_a+\hat{C}$，假定$\frac{\partial C_a}{\partial \varphi}=0$，同时假设$\frac{\partial \hat{C}}{\partial \xi}=0$，则 $\hat{C}=\hat{C_\varphi}$，式(4-21)成为

$$\hat{u}\ \frac{\partial C_a}{\partial \xi}=\frac{D}{r_0^2}\left(\frac{\partial^2 \hat{C}}{\partial \varphi^2}+\frac{1}{\varphi}\ \frac{\partial \hat{C}}{\partial \varphi}\right) \tag{4-22}$$

边界条件为当 $\varphi=1$ 时，$\frac{\partial \hat{C}}{\partial \varphi}=0$。

式(4-22)满足边界条件的一个解为

$$\hat{C}=\hat{C_\varphi}=\beta\left(\varphi^2-\frac{1}{2}\varphi^4\right) \tag{4-23}$$

式中 β 为一常数。将式(4-23)代入式(4-22)，得到

$$D\left[\frac{\partial(2\beta\varphi-2\beta\varphi^3)}{\partial \varphi}+\frac{1}{\varphi}(2\beta\varphi-2\beta\varphi^3)\right]=r_0^2\hat{u}\ \frac{\partial C_a}{\partial \xi} \tag{4-24}$$

进一步化简，得

$$D[2\beta-6\beta\varphi^2+2\beta-2\beta\varphi^2]=r_0^2\hat{u}\ \frac{\partial C_a}{\partial \xi}$$

$$D\cdot 8\beta\left[\frac{1}{2}-\varphi^2\right]=r_0^2\hat{u}\ \frac{\partial C_a}{\partial \xi}$$

得到

$$\beta=\frac{r_0^2\hat{u}}{8D\left(\frac{1}{2}-\varphi^2\right)}\frac{\partial C_a}{\partial \xi} \tag{4-25}$$

则

$$\hat{C}=\beta\left(\varphi^2-\frac{1}{2}\varphi^4\right)=\left[\frac{r_0^2\hat{u}}{8D\left(\frac{1}{2}-\varphi^2\right)}\frac{\partial C_a}{\partial \xi}\right]\left(\varphi^2-\frac{1}{2}\varphi^4\right) \tag{4-26}$$

其中，

$$\hat{u} = u - V = u_m(1-\varphi^2) - \frac{1}{2}u_m = u_m\left(\frac{1}{2} - \varphi^2\right) \tag{4-27}$$

将式(4-27)代入式(4-26)，得到

$$\hat{C} = \frac{r_0^2 u_m}{8D}\frac{\partial C_a}{\partial \xi}\left(\varphi^2 - \frac{1}{2}\varphi^4\right)$$

扩散物质的流量为

$$Q' = \int_0^{r_0} \hat{u}\,\hat{C} 2\pi r \mathrm{d}r = 2\pi r_0^2 \int_0^1 \hat{C} u_m \left(\frac{1}{2} - \varphi^2\right)\varphi \mathrm{d}\varphi$$

将式(4-26)代入上式，得到

$$Q' = -\frac{\pi r_0^4 u_m^2}{192D}\frac{\partial C_a}{\partial \xi} \tag{4-28}$$

其中“—”表示流量方向与浓度梯度方向相反(推导过程详见附录 4-2)，由式(4-12)得知

$$\langle \hat{u}\,\hat{C} \rangle = -E_L\frac{\partial C_a}{\partial x} = \frac{Q'}{\pi r_0^2} = -\frac{r_0^2 {u_m}^2}{192D}\frac{\partial C_a}{\partial \xi} = -\frac{r_0^2 u_m^2}{192D}\frac{\partial C_a}{\partial x}$$

故纵向离散系数 $E_L = \frac{r_0^2 u_m^2}{192D}$

上式表明，圆管层流的纵向离散系数和分子扩散 D 有关，并与之成反比。由扩散物质守恒关系(4-5)有

$$\frac{\partial Q'}{\partial \xi} = -\pi r_0^2 \frac{\partial C_a}{\partial t}$$

将式(4-28)代入得

$$\frac{\partial C_a}{\partial t} = E_L \frac{\partial^2 C_a}{\partial \xi^2} \tag{4-29}$$

上式表明相对于运动坐标 ξ，圆管层流的纵向离散和分子扩散都由相同形式的微分方程描述，即圆管层流离散的纵向浓度梯度也为正态分布。

以上是忽略了纵向分子扩散系数的，如把它考虑进去，则式(4-29)中的 E_L 应以综合扩散系数 M 代替

$$M = E_L + D = \frac{r_0^2 u_m^2}{192D} + D$$

实际说明 $\frac{r_0^2 u_m^2}{192D} \gg D$，所以忽略 D 项是合理的。

4-2-2　圆管紊流中的离散

圆管紊流中，在扩散的初始阶段质点的速度变化不是平稳过程，它与质点的起始位置有关，随着时间的推移，历史的关系逐渐不起作用而成为平稳过程，紊流中离散的分析可和层流的离散相比拟而得到解决。

当扩散时间足够长时，可以认为纵向离散与径向紊动扩散相平衡，和层流的分析相似，可以写出它们的关系式，纵向离散是纵向流速在断面上的分布不均匀所引起的，紊流的流速分布和层流不同，径向扩散是紊动扩散，性质也和层流不同，所以分析上与层流的区别在于紊流的流速分布和紊动扩散系数的确定。

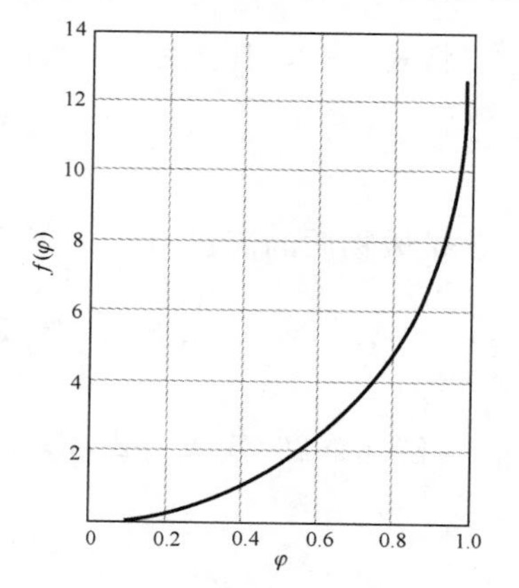

图 4-4　均匀圆管紊流的流速分布函数图

假定断面流速分布采用

$$\frac{u_m - u_r}{u_*} = f(\varphi) \tag{4-30}$$

有许多学者对 $f(\varphi)$进行了研究，泰勒直接采用了斯坦顿和尼古拉斯的测量成果，如图 4-4 所示。

利用流速分布公式(4-30)得到圆管紊流的断面平均流速 V 为：

$$\begin{aligned} V &= 2\int_0^1 u_r \varphi \mathrm{d}\varphi = u_m - 2u_* \int_0^1 \varphi f(\varphi)\mathrm{d}\varphi \\ &= u_m - 4.25u_* \quad \text{（推导详见附录 4-3）} \end{aligned} \tag{4-31}$$

在恒定均匀管道紊流中，$\frac{\tau}{\tau_0}=\frac{r}{r_0}$，

$$\tau = \tau_0 \frac{r}{r_0} = \tau_0 \varphi \tag{4-32}$$

将式(4-30)、(4-32)代入式(3-29)，得到

$$E = \frac{r_0 \varphi u_*}{f'(\varphi)} \quad \text{（推导详见附录 4-4）} \tag{4-33}$$

其中 $f'(\varphi)=\frac{\mathrm{d}f(\varphi)}{\mathrm{d}\varphi}$

假定扩散时间增加足够长后，纵向离散与径向紊动扩散保持平衡，忽略沿纵向的紊动扩散项，把固定坐标 x 改为以平均流速 V 移动的动坐标 ξ，以式(4-19)$\frac{\partial C}{\partial \tau}+\hat{u}\ \frac{\partial C}{\partial \xi}=D\left(\frac{\partial^2 C}{\partial r^2}+\frac{1}{r}\frac{\partial C}{\partial r}\right)$为基础，以紊动扩散系数 E 代替分子扩散系数 D，令$\frac{\partial C}{\partial \tau}=0$，则式(4-19)

成为

$$\frac{\partial}{\partial r}\left(Er\frac{\partial C}{\partial r}\right)=r\left(\hat{u}\frac{\partial C}{\partial \xi}\right)$$

将式(4-33)代入上式，得

$$\frac{\partial}{\partial \varphi}\left[\frac{\varphi^2}{f'(\varphi)}\frac{\partial C}{\partial \varphi}\right]=r_0\varphi[4.25-f(\varphi)]\frac{\partial C}{\partial \xi}\quad (推导详见附录\ 4\text{-}5)\tag{4-34}$$

任意点时均浓度由断面平均浓度和二者之间的差值组成，则设 $C=C_a+\hat{C}$，假定$\frac{\partial C_a}{\partial \varphi}=0$，同时假设$\frac{\partial \hat{C}}{\partial \xi}=0$，则 $\hat{C}=\hat{C_\varphi}$，式(4-34)成为

$$\frac{\partial}{\partial \varphi}\left[\frac{\varphi^2}{f'(\varphi)}\frac{\partial \hat{C}}{\partial \varphi}\right]=r_0\varphi[4.25-f(\varphi)]\frac{\partial C_a}{\partial \xi}\tag{4-35}$$

积分(4-35)得

$$\frac{\varphi^2}{f'(\varphi)}\frac{\partial \hat{C}}{\partial \varphi}=r_0\frac{\partial C_a}{\partial \xi}\int_0^{\varphi}\varphi[4.25-f(\varphi)]\mathrm{d}\varphi\tag{4-36}$$

或

$$\frac{\partial \hat{C}}{\partial \varphi}=r_0\frac{\partial C_a}{\partial \xi}\frac{f'(\varphi)}{\varphi^2}\int_0^{\varphi}\varphi[4.25-f(\varphi)]\mathrm{d}\varphi=r_0\frac{\partial C_a}{\partial \xi}\eta(\varphi)\tag{4-37}$$

其中

$$\eta(\varphi)=\frac{f'(\varphi)}{\varphi^2}\int_0^{\varphi}\varphi[4.25-f(\varphi)]\mathrm{d}\varphi$$

积分(4-37)得

$$\hat{C}=r_0\frac{\mathrm{d}C_a}{\mathrm{d}\xi}\int_0^{\varphi}\eta(\varphi)\mathrm{d}\varphi$$

其中，积分式$\int_0^{\varphi}\eta(\varphi)\mathrm{d}\varphi$可由流速分布关系求得。

$$\begin{aligned}Q'&=\int_0^{r_0}\hat{u}\,\hat{C}2\pi r\mathrm{d}r\\&=2\pi r_0^2\int_0^1\varphi(u_r-V)\hat{C}\mathrm{d}\varphi\\&=2\pi r_0^2u_*\int_0^1\varphi[4.25-f(\varphi)]\hat{C}\mathrm{d}\varphi\\&=2\pi r_0^2u_*\int_0^1\left\{\varphi[4.25-f(\varphi)]r_0\frac{\mathrm{d}C_a}{\mathrm{d}\xi}\int_0^{\varphi}\eta(\varphi)\mathrm{d}\varphi\right\}\mathrm{d}\varphi\\&=2\pi r_0^3u_*\frac{\mathrm{d}C_a}{\mathrm{d}\xi}\int_0^1\left\{\varphi[4.25-f(\varphi)]\int_0^{\varphi}\eta(\varphi)\mathrm{d}\varphi\right\}\mathrm{d}\varphi\end{aligned}$$

其中 $\int_0^1 \left\{\varphi[4.25-f(\varphi)]\int_0^{\varphi}\eta(\varphi)\mathrm{d}\varphi\right\}\mathrm{d}\varphi$ 可通过数值积分求得其值为－5.03。

于是 $Q' = -10.06\pi r_0^3 u_* \dfrac{\mathrm{d}C_a}{\mathrm{d}\xi}$

通过单位面积的物质扩散通量为：

$$\frac{Q'}{\pi r_0^2} = -E_L \frac{\mathrm{d}C_a}{\mathrm{d}\xi} = -10.06 r_0 u_* \frac{\mathrm{d}C_a}{\mathrm{d}\xi} \tag{4-38}$$

于是圆管紊流的纵向离散系数为

$$E_L = 10.06 r_0 u_* \tag{4-39}$$

以上推论中未考虑纵向紊动扩散，根据泰勒求得的纵向紊动扩散系数为

$$E = 0.05 r_0 u_*$$

则综合扩散系数为

$$M = E_L + E = 10.11 r_0 u_* \tag{4-40}$$

$E \ll E_L$，说明纵向紊动扩散远小于纵向离散作用。

§4-3　二维明渠中的离散

第三章已导出了二维紊动移流扩散方程为

$$\frac{\partial \bar{C}}{\partial t} + \overline{u_x}\frac{\partial \bar{C}}{\partial x} + \overline{u_y}\frac{\partial \bar{C}}{\partial y} = \frac{\partial}{\partial x}\left(E_x \frac{\partial \bar{C}}{\partial x}\right) + \frac{\partial}{\partial y}\left(E_y \frac{\partial \bar{C}}{\partial y}\right) + D\left(\frac{\partial^2 \bar{C}}{\partial x^2} + \frac{\partial^2 \bar{C}}{\partial y^2}\right) \tag{4-41}$$

针对二维明渠情况对(4-41)式作如下处理：

1. 忽略分子扩散项 $D\left(\dfrac{\partial^2 \bar{C}}{\partial x^2} + \dfrac{\partial^2 \bar{C}}{\partial y^2}\right)$

2. 忽略沿纵向紊动扩散项 $\dfrac{\partial}{\partial x}\left(E_x \dfrac{\partial \bar{C}}{\partial x}\right)$

3. 令 $\overline{u_y} = 0$

4. 断面流速分布函数采用对数形式公式，$u = u_m - u_* f(\eta)$，其中 $f(\eta) = -\dfrac{1}{k}\ln(1-\eta)$。

则式(4-41)变为

$$\frac{\partial \bar{C}}{\partial t} + \overline{u_x}\frac{\partial \bar{C}}{\partial x} = \frac{\partial}{\partial y}\left(E_y \frac{\partial \bar{C}}{\partial y}\right) \tag{4-42}$$

又因在假设条件下，$\bar{C}=\bar{C}(x,y,t)$，故

$$\frac{\mathrm{d}\bar{C}}{\mathrm{d}t}=\frac{\partial\bar{C}}{\partial t}+\frac{\partial\bar{C}}{\partial x}\frac{\mathrm{d}x}{\mathrm{d}t}+\frac{\partial\bar{C}}{\partial y}\frac{\mathrm{d}y}{\mathrm{d}t}=\frac{\partial\bar{C}}{\partial t}+u_x\frac{\partial\bar{C}}{\partial x}+u_y\frac{\partial\bar{C}}{\partial y}=\frac{\partial\bar{C}}{\partial t}+u_x\frac{\partial\bar{C}}{\partial x}$$

省略字母上方的横线，则式(4-42)成为

$$\frac{\mathrm{d}C}{\mathrm{d}t}=\frac{\partial}{\partial y}\left(E_y\frac{\partial C}{\partial y}\right) \tag{4-43}$$

改纵向固定坐标 x 为以断面平均流速 V 移动的运动坐标 ξ，$\xi=x-Vt$，$t=\tau$

则 $\begin{cases}\dfrac{\partial}{\partial x}=\dfrac{\partial}{\partial\xi}\dfrac{\partial\xi}{\partial x}=\dfrac{\partial}{\partial\xi}\\[2ex]\dfrac{\partial}{\partial t}=\dfrac{\partial}{\partial\xi}\dfrac{\partial\xi}{\partial t}+\dfrac{\partial}{\partial\tau}\dfrac{\partial\tau}{\partial t}=\dfrac{\partial}{\partial\tau}-V\dfrac{\partial}{\partial\xi}\end{cases}$，

由式(4-42)得到

$$\frac{\partial C}{\partial\tau}-V\frac{\partial C}{\partial\xi}+u_x\frac{\partial C}{\partial\xi}=\frac{\partial}{\partial y}\left(E_y\frac{\partial C}{\partial y}\right) \tag{4-44}$$

由 $u_x=V+\hat{u}$，得到

$$\frac{\partial C}{\partial\tau}+\hat{u}\frac{\partial C}{\partial\xi}=\frac{\partial}{\partial y}\left(E_y\frac{\partial C}{\partial y}\right)$$

当扩散经过足够长的时间后，在动坐标系 ξ 下看，C 随时间变化很慢，即可近似令 $\dfrac{\partial C}{\partial\tau}=0$，则

$$\frac{\partial}{\partial y}\left(E_y\frac{\partial C}{\partial y}\right)=\hat{u}\frac{\partial C}{\partial\xi} \tag{4-45}$$

上式表明纵向离散和垂向紊动扩散保持平衡，这和泰勒对圆管层流离散分析的假设一致。

现对铅垂方向采用无量纲坐标，令 $\eta=\dfrac{y}{h}$，式中 h 为明渠的水深，则(4-45)式变为

$$\frac{\partial}{\partial\eta}\left(E_y\frac{\partial C}{\partial\eta}\right)=h^2\hat{u}\frac{\partial C}{\partial\xi}$$

任意点时均浓度由断面平均浓度和二者之间的差值组成，则 $C=C_a+\hat{C}$，因为 $\dfrac{\partial C_a}{\partial\eta}=0$，并假定 $\dfrac{\partial\hat{C}}{\partial\xi}=0$ 和 $\dfrac{\partial C_a}{\partial\xi}=$ 常数，则上式变为

$$\frac{\partial}{\partial\eta}\left(E_y\frac{\partial\hat{C}}{\partial\eta}\right)=h^2\hat{u}\frac{\partial C_a}{\partial\xi} \tag{4-46}$$

积分上式得

$$\hat{C} = h^2 \frac{\partial C_a}{\partial \xi} \int_0^\eta \frac{1}{E_y} \left(\int_0^\eta \hat{u} \, \mathrm{d}\eta \right) \mathrm{d}\eta \tag{4-47}$$

由纵向离散而引起的扩散物质流量为

$$Q' = \int_A \hat{u} \, \hat{C} \mathrm{d}A$$

由式(4-12),得

$$Q' = - E_L \frac{\partial C_a}{\partial \xi} A$$

则纵向离散系数 $E_L = \dfrac{\int_A \hat{u} \, \hat{C} \mathrm{d}A}{A \dfrac{\partial C_a}{\partial \xi}}$,将式(4-47)代入上式,并且在二维明渠中 $A = bh$,

$\mathrm{d}A = b\mathrm{d}y = b\,h\,\mathrm{d}\eta$,于是

$$E_L = - h^2 \int_0^1 \hat{u} \left[\int_0^\eta \frac{1}{E_y} \left(\int_0^\eta \hat{u} \, \mathrm{d}\eta \right) \mathrm{d}\eta \right] \mathrm{d}\eta \tag{4-48}$$

式中 E_y 为垂向紊动扩散系数,采用雷诺比拟式(3-29)

$$E_y = - \frac{\tau}{\rho \dfrac{\mathrm{d}u}{\mathrm{d}y}} = - \frac{\tau_0 \eta}{\rho \dfrac{\mathrm{d}u}{\mathrm{d}y}} = - \frac{u_*^2 \eta}{\dfrac{\mathrm{d}u}{\mathrm{d}y}} = k u_* h \eta (1 - \eta) \tag{4-49}$$

根据流速分布公式,断面平均流速为

$$V = u_m - u_* \langle f(\eta) \rangle$$

上式中 u_m 为垂线上最大流速,k 为卡门常数,$\langle f(\eta) \rangle = \int_0^1 f(\eta) \mathrm{d}\eta = \int_0^1 - \frac{1}{k} \ln(1 - \eta) \mathrm{d}\eta = \frac{1}{k}$,故断面平均流速 $V = u_m - \frac{u_*}{k}$,且

$$\hat{u} = u - V = u_* \left(\frac{1}{k} - f(\eta) \right) = \frac{u_*}{k} (1 + \ln(1 - \eta)) \tag{4-50}$$

将式(4-47)、式(4-49)、式(4-50)代入式(4-48)可得出纵向离散系数

$$E_L = \frac{h u_*}{k^3} \int_0^1 \frac{1 - \eta}{\eta} [\ln(1 - \eta)]^2 \mathrm{d}\eta \tag{4-51}$$

上式中积分可按 γ 函数的级数计算,其值约等于 0.404 1。若取卡门常数 $k = 0.41$,则 $E_L = 5.86 h u_*$ 。

以上在计算沿纵向扩散物质流量时,忽略了纵向的紊动扩散。若按各向同性紊动处

理,令 $E_x = E_y$,由第三章可知 $E_y = 0.067hu_*$,则纵向紊动扩散系数 $E_x = hu_* \frac{k}{6} = 0.067hu_*$,纵向综合扩散系 $M = E_L + E_* = (5.86 + 0.067)hu_* = 5.93hu_*$。

艾尔德分析求得的纵向离散系数 E_L 或混合系数 M 值仅仅对规则二元明渠适合,并且选用了特定的流速分布公式,如果改变流速分布公式,其结果显然不同。许多实验资料证明,艾尔德德结果虽然不能直接应用于不规则明渠或天然河道,但它所得纵向离散系数的数量级是正确的。

例 4-1　某河流始端瞬时投放 10 kg 示踪剂,河流流速为 0.5 m/s,纵向离散系数为 50 m^2/s,河流断面积为 20 m^2。求河流下游 500 m 处河水示踪剂浓度随时间的变化曲线。

解:x=500 m 处河水中示踪剂浓度

$$C(500,t) = \frac{10 \times 1\,000/20}{\sqrt{4\pi \times 50 \times t}} \exp\left[-\frac{(500 - 0.5t)^2}{4 \times 50 \times t}\right]$$
$$= \frac{19.947\,4}{\sqrt{t}} \exp\left[-\frac{(500 - 0.5t)^2}{200t}\right] \text{mg/L}$$

取不同的时间 t,可计算得以下结果:

t(min)	2	6	10	12	14	16	20	24	36	40
t(s)	120	360	600	720	840	960	1 200	1 440	2 160	2 400
C(mg/L)	0.6×10^{-3}	0.254	0.583	0.649	0.663	0.642	0.552	0.444	0.197	0.147

据此可以画出如图所示的 $C-t$ 变化曲线。x=500 m 处,当 $t \approx 14$ min 时河水的示踪剂浓度最高,约为 C=0.663 mg/L(平均值 $\bar{t} = \frac{500}{0.5} = 1\,000$ s≈16.7 min)

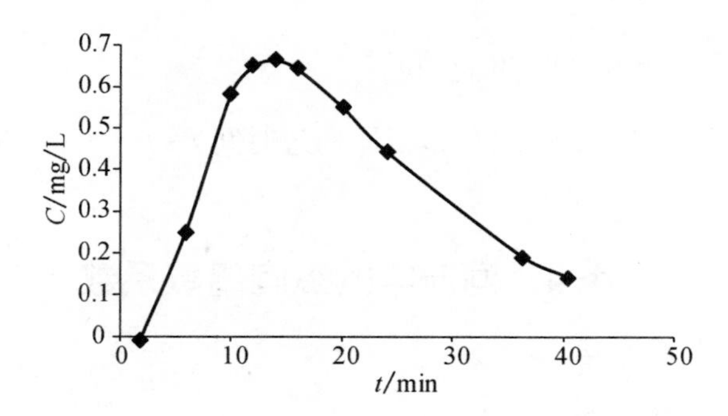

为了求出最大浓度的时间,可以对上式取 $\frac{\partial C}{\partial t} = 0$,得到

$$V^2 t^2 + 2E_L t - x^2 = 0$$

式中，t 为出现最大浓度的时间，由上式解得

$$t=\frac{-E_L+\sqrt{E_L^2+(Vx)^2}}{V^2}=\frac{-50+\sqrt{50^2+(0.5\times 500)^2}}{0.5^2}$$
$$\doteq 820s=13.7\ \text{min}$$

例 4-2 在一顺直矩形明渠中进行示踪剂试验，渠宽 15 m，水深 2 m，平均流速 $V=0.6$ m/s，设渠中水流可近似看作完全均匀的恒定一维流动。$t=0$ 时，在 $x=0$ 的断面中心瞬时投放 80 kg 示踪染料，在距投放点 1 500 m 下游用浓度探测器记录浓度随时间的变化过程，令记录仪所测得的最大浓度为 C_{max}，假定示踪剂为守恒物质，纵向离散系数为 $E_L=0.05\ m^2/s$，试问 $C_{max}=$？设浓度探测仪能测读的最小值 $C=0.05C_{max}$，试问示踪云通过下游断面时，记录仪所经历的记录时间是多少？

解：瞬时平面源一维扩散方程为

$$C(x,t)=\frac{M}{A\sqrt{4\pi E_L t}}\exp\left[-\frac{(x-Vt)^2}{4E_L t}\right]$$

如例 4-1，最大浓度出现的时间为

$$t=\frac{-E_L+\sqrt{E_L^2+(Vx)^2}}{V^2}=\frac{-0.05+\sqrt{0.05^2+(0.6\times 1\ 500)^2}}{0.6^2}$$
$$=2\ 500\ \text{s}$$

由此计算出断面最大浓度

$$C_{max}=\frac{80}{15\times 2\times\sqrt{4\times 3.14\times 0.05\times 2\ 500}}\exp\left[-\frac{(1\ 500-0.6\times 2\ 500)^2}{4\times 0.05\times 2\ 500}\right]$$
$$=0.067\ 2\ \text{kg/m}^3$$

$$C_{min}=0.05C_{max}=0.003\ 36\ \text{kg/m}^3$$

用试算法得 $t_1=2\ 436$ s，$t_2=2\ 566$s，云团通过时间 $t=t_2-t_1=130$ s

§4-4 河流中的纵向离散系数

前面已导出一维移流扩散方程为

$$\frac{\partial C}{\partial t}+V\frac{\partial C}{\partial x}=M\left(\frac{\partial^2 C}{\partial y^2}\right)$$

式中混合系数 $M=E_L+E_X$，关键在于确定纵向离散系数 E_L 或纵向混合系数 M，在

§4-3 中曾得出二维明渠剪切流纵向离散系数 $E_L = 5.86hu_*$，如计入紊动扩散，$E_L = 5.93hu_*$。

一些文献中介绍的天然河流的纵向离散系数的变化范围很大。E_L/hu_* 最小为 8.6，而最大竟达 7 500。因此如何确定 E_L 值非常重要。

前面主要考虑垂线上流速分布不均匀引起的纵向离散，费舍尔认为，对于天然河流，应考虑流速在横向分布不均匀引起的纵向离散，因为天然河流宽深比较大，垂向上流速分布不均匀造成的影响不大。

1. 河流纵向离散系数的一般计算公式

费舍尔按照艾德尔推导二维明渠纵向离散系数的方法来处理天然河流的纵向离散系数，所不同的是考虑纵向流速在横向的梯度，将垂线坐标 y 改为横向坐标 z，把对水深的积分改为对河宽的积分。

艾德尔二维明渠纵向离散系数公式为：

$$E_L = -h^2\int_0^1 \hat{u}\left[\int_0^\eta \frac{1}{E_y}\left(\int_0^\eta \hat{u}\,\mathrm{d}\eta\right)\mathrm{d}\eta\right]\mathrm{d}\eta \tag{4-52}$$

式中，$\hat{u}$ 为垂线平均流速与断面平均流速的差值，$\eta=\dfrac{y}{h}$ 为无量纲垂向坐标，h 为垂线水深，还原为以 y 表示的形式如下

$$E_L = \frac{1}{h}\int_0^h \hat{u}\left[\int_0^y \frac{1}{E_y}\left(\int_0^y \hat{u}\,\mathrm{d}y\right)\mathrm{d}y\right]\mathrm{d}y \tag{4-53a}$$

或

$$E_L = -\frac{1}{A}\int_0^h b\,\hat{u}\left[\int_0^y \frac{1}{bE_y}\left(\int_0^y b\,\hat{u}\,\mathrm{d}y\right)\mathrm{d}y\right]\mathrm{d}y \tag{4-53b}$$

式中 A 为横断面面积。将 y 换为 z，水深 h 换为河宽 b，b 换为 h，上式变为

$$E_L = -\frac{1}{A}\int_0^b h\,\hat{u}\left[\int_0^z \frac{1}{hE_z}\left(\int_0^z h\,\hat{u}\,\mathrm{d}z\right)\mathrm{d}z\right]\mathrm{d}z \tag{4-54}$$

上式虽然是引用艾尔德通过理论推导所得出的结论，但一般不可能直接积分来确定其值，只有根据流速和横断面几何特性实测资料求得近似的积分值。

艾尔德的推导理论基于这样一个前提：扩散已经历了相当长时间，从而横向扩散与纵向离散达到平衡，浓度成正态分布，通过计算表明，从源点开始算起的无量纲混合距离 $x'>0.4$之后可达到正态分布，$x'=\dfrac{E_z}{B^2V}x$（E_z 为横向紊动扩散系数）。

很多研究表明，河流的死水区及弯道会增大河流的纵向离散系数，但由于实际河流变

化的复杂性，很难取得普遍应用的定量研究成果，在目前阶段，更多的是针对不同河流或河段算出适用于特定河段的计算公式。

2. 利用实测断面流速分布资料计算河流纵向离散系数

若对于某一确定河段，已测得横断面的几何特性和足够的横断面上流速分布资料，即可按式(4-54)，通过数值计算求得纵向离散系数。

例 4-3 某河段实测有代表性过水断面及水文特性如下表所示，试根据该资料估算河段的纵向离散系数 E_L 值，已知河段比降 $J=0.000\,75$，$Q=9.55\ \mathrm{m^3/s}$，过水断面上共划分为 9 个条带(见下表)，每一条带的平均流速如表所列。

横向坐标 z(m)	0	0.87	2.37	5.37	8.43	11.43	14.43	17.43	20.43	21.93
水深 h(m)	0	0.57	0.57	0.66	0.66	0.66	0.60	0.57	0.36	0

分条编号	1	2	3	4	5	6	7	8	9
平均流速 $\bar{u}$(m/s)	0.304	0.695	0.848	0.931	0.876	0.802	0.635	0.368	0.134
各条面积 ΔA (m²)	0.248	0.855	1.845	2.02	1.98	1.89	1.755	1.395	0.27

解：

$$E_L = -\frac{1}{A}\int_0^b h\hat{u}\left[\int_0^z \frac{1}{hE_z}\left(\int_0^z h\hat{u}\,\mathrm{d}z\right)\mathrm{d}z\right]\mathrm{d}z$$

$$= -\frac{1}{A}\sum_{i=1}^{9} h_i\hat{u}_i\left[\sum_{j=1}^{i}\frac{1}{h_jE_z}\left(\sum_{k=1}^{j} h_k\hat{u}_k\Delta z_k\right)\Delta z_j\right]\Delta z_i$$

$$= -\frac{1}{A}\eta\{\varphi[\phi(z)]\}$$

过水断面总面积

$$A = \sum \Delta A = 12.258\ \mathrm{m^2}$$

断面平均流速

$$V = \frac{Q}{A} = \frac{9.55}{12.258} = 0.779\ \mathrm{m/s}$$

水力半径

$$R = h = \frac{A}{B} = \frac{12.258}{21.93} = 0.559\ \mathrm{m}$$

横向扩散系数

$$E_z = 0.15hu_* = 0.15h\sqrt{gRJ}$$

$$= 0.15\times 0.559\times\sqrt{9.8\times 0.559\times 0.000\,75} = 5.4\times 10^{-3}\ \mathrm{m^2/s}$$

计算过程如下表所列

z	0	0.87	2.37	5.37	8.43	11.43	14.43	17.43	20.43	21.93
分条号	1	2	3	4	5	6	7	8	9	
$\Delta A(1)$	0.248	0.855	1.845	2.02	1.98	1.89	1.755	1.395	0.27	
$\Delta z(2)$	0.87	1.50	3.00	3.06	3.00	3.00	3.00	3.00	1.50	
$\overline{h}(3)$	0.285	0.570	0.615	0.660	0.660	0.630	0.585	0.465	0.180	
$\hat{u}(4)$	−0.475	−0.084	0.069	0.152	0.097	0.023	−0.144	−0.411	−0.645	
$h\hat{u}\Delta z(5)$	−0.118	−0.072	0.127	0.307	0.192	0.043	−0.253	−0.573	−0.174	
$\phi(z)(6)$	−0.118	−0.190	−0.063	0.244	0.436	0.479	0.226	−0.347	−0.521	
$\varphi(z)(7)$	−66.71	−159.30	−216.21	−6.72	360.28	782.68	997.30	582.72	−221.29	
$\eta(z)(8)$	7.86	19.30	−8.22	−10.28	58.92	92.94	−159.10	−493.20	−454.66	

第 3 行各分条平均水深 $\overline{h}=\dfrac{\Delta A}{\Delta z}$，表中 $\phi(z)$、$\varphi(z)$、$\eta(z)$的积分是由数值计算求得。例如 $\phi_n(z)=\sum\limits_{i=1}^{n}\overline{h_i}\hat{u}_i\Delta z_i$，$\varphi_n(z)=\sum\limits_{i=1}^{n}\dfrac{1}{\overline{h_i}E_z}\phi_i(z)\Delta z_i$，$\eta_n(z)=\sum\limits_{i=1}^{n}\hat{u}_i\overline{h}_i\varphi_i(z)\Delta z_i$ 。

根据式(4-54)，纵向离散系数为

$$E_L=-\frac{\eta(z)}{A}=-\frac{(-454.66)}{12.258}=37.09\ \mathrm{m^2/s}$$

3. 利用现场浓度观测资料计算纵向离散系数

为了更准确地确定所研究河段的纵向离散系数，可在河流中选择适当位置投放示踪剂，通常使用的示踪剂为荧光染料若明丹 B，根据投放点下游所获得的浓度观测资料，通过计算实测断面上浓度时间分布的方差来推求该河段的纵向离散系数，这种方法称为矩量法，矩量法中若只利用一个测站浓度分布资料叫单站法，若利用两个测站浓度分布资料叫双站法。除矩量法之外还有演算法，下面分别介绍。

(1) 单站法

在河流上游某一断面以瞬时点源方式投放示踪剂，对于满足充分混合以后的离散段，即 $x>0.4\dfrac{B^2V}{E_z}$的河段，可把示踪物质源当做一维平面源看待，其浓度分布函数为

$$C(x,t)=\frac{M}{\sqrt{4\pi E_L t}}\exp\left(-\frac{(x-Vt)^2}{4E_L t}\right)$$

对选定 $x=x_0$断面，其浓度随时间的变化规律为

$$C(x_0,t)=\frac{M}{\sqrt{4\pi E_L t}}\exp\left(-\frac{(x_0-Vt)^2}{4E_L t}\right) \tag{4-55}$$

该浓度分布对于时间的方差为

$$\sigma_t^2=\frac{\int_{-\infty}^{\infty}(t-t_0)^2C(x_0,t)\mathrm{d}t}{\int_{-\infty}^{\infty}C(x_0,t)\mathrm{d}t}=\frac{\int_{-\infty}^{\infty}(t-t_0)^2\frac{M}{\sqrt{4\pi E_Lt}}\exp\left(-\frac{(x_0-Vt)^2}{4E_Lt}\right)\mathrm{d}t}{\int_{-\infty}^{\infty}\frac{M}{\sqrt{4\pi E_Lt}}\exp\left(-\frac{(x_0-Vt)^2}{4E_Lt}\right)\mathrm{d}t}=\frac{2E_Lx_0}{V^3}$$

则

$$E_L=\frac{\sigma_t^2V^3}{2x_0} \tag{4-56}$$

若在离示踪剂投放断面下游足够远的 x_0 断面，实测断面上浓度随时间的变化过程线，利用该过程线可求得方差 σ_t，则可按式(4-56)求出 E_L 值，式中为 V 河段的断面平均流速。

(2) 双站法

双站法是在投放断面下游足够远的地方设置两个观测断面，上游站距投放断面距离为 x_1，下游站距投放断面距离为 x_2，在上、下两站分别实测浓度随时间的变化过程，根据两站浓度过程线，可分别求得上、下游的方差为 $\sigma_{t_1}^2$、$\sigma_{t_2}^2$，河段纵向离散系数可用下式计算

$$E_L=\frac{\sigma_{t_2}^2V_2^2-\sigma_{t_1}^2V_1^2}{2(t_2-t_1)} \tag{4-57}$$

当假定断面平均流速沿纵向不变时

$$E_L=\frac{(\sigma_{t_2}^2-\sigma_{t_1}^2)V^2}{2(t_2-t_1)} \tag{4-58}$$

单站法的现场取样工作量小，节省人力物力，但精度差，易受初始段的影响；双站法虽然理论上可靠，但受方差的误差影响较大，在实际应用上还不如理论上加以改进的单站法精度高。因此，周克钊建议的改进单站法计算公式为

$$E_L=\frac{X^2}{\bar{t}}\frac{\sqrt{(1+4\sigma^2)/\bar{t}^2}-1}{(3-\sqrt{(1+4\sigma_t^2)/\bar{t}^2})^2} \tag{4-59}$$

式中 $\bar{t}$ 为中心时间，其计算式为

$$\bar{t}=\frac{M_1}{M_0}=\frac{\int_{-\infty}^{\infty}tC\mathrm{d}t}{\int_{-\infty}^{\infty}C\mathrm{d}t} \tag{4-60}$$

根据两站法原理，对于总河段计算纵向离散系数为

$$E_L=\sum_{i=1}^{n}k_iE_{Li} \tag{4-61}$$

$$k_i = \frac{l_i}{l}\left(\frac{V}{V_i}\right)^3 \tag{4-62}$$

式中，l、V 分别为总河段的长度和断面平均流速，l_i、V_i 为第 i 个分段的长度和断面平均流速。

（3）演算法

示踪实验方法和所要收集的观测资料和上面所述的双站法相同，假定在所选定的两个观测断面上所测得的浓度过程线分别为 $C_1(x,\ t)$ 及 $C_2(x,\ t)$，如图 4-5 所示。在上午 11:08 释放示踪剂，两测站位置分别为 $x_1=2\ 363$ m 和 $x_2=4\ 069$ m，图 4-5 中虚线为假定 $E_L=20.74\ m^2/s$，图中可以看出得到的浓度曲线与实测的较为接近。

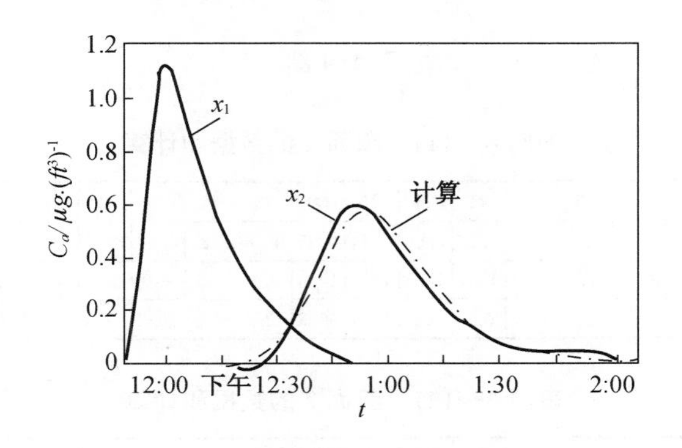

图 4-5　演算法的浓度过程线

将下游断面的浓度看成是由上游断面的时间连续平面源一维扩散形成的，按照叠加原理，下游断面浓度与上游断面浓度之间的关系为

$$\begin{aligned} C_2(x,t) &= \int_{-\infty}^{\infty} \frac{C_1(x,\tau)V}{\sqrt{4\pi E_L(t_2-t_1)}} \exp\left[-\frac{(x-V\ (t-\tau)^2)}{4E_L(t_2-t_1)}\right] d\tau \\ &= \int_{-\infty}^{\infty} \frac{C_1(x,\tau)V}{\sqrt{4\pi E_L(t_2-t_1)}} \exp\left[-\frac{V^2\ (t_2-t_1-t+\tau)^2}{4E_L(t_2-t_1)}\right] d\tau \end{aligned} \tag{4-63}$$

其中，$t_1=\frac{x_1}{V}$，$t_2=\frac{x_2}{V}$。

若把实测 $C_1(x,\ t)$ 曲线作为已知条件，假定 E_L，利用式(4-63)可算出一条 $C_2(x,\ t)$ 过程线，若算出的 $C_2(x,\ t)$ 过程线与实测曲线吻合较好，则所假定的 E_L 为正确，否则重新假定 E_L 直至满意为止。和双站法的要求一样，两个实测断面应选在距离源点的无量纲距离 $x'>0.4$ 以远。

例 4-4　在某河段进行求纵向离散系数的示踪实验。第 1、2 测量断面分别与注入原点的距离为 2 500 m 和 4 630 m，在此两断面上已分别测得断面平均浓度 C_a 随时间 t 变化的数据，分别见表例 4-4(1)和表例 4-4(2)的第 1、2 行。时间起算点以第 1 断面开始能测到示踪剂的浓度为准。考虑到第 1 断面的浓度过程线较第 2 断面的要陡，故对第 1 断面的取样时间间隔 Δt 取 3 min，第 2 断面的取样时间间隔 Δt 取 5 min。试估算该河段的纵向分散系数 E_L 值。

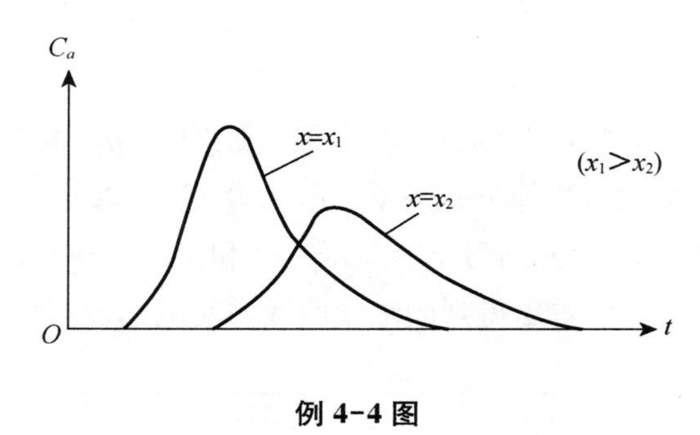

例 4-4 图

表例 4-4(1)　断面 1 的数据和计算

T(min)	0	3	6	9	12	15	18	21	24	27	30	33	36	39	42	45	48	51	54	57	60	63
C_a(mg/l)	0.01	0.16	0.3	0.6	0.8	1.0	0.9	0.72	0.56	0.44	0.35	0.28	0.22	0.18	0.14	0.11	0.08	0.05	0.03	0.02	0.01	0
tC_a	0	0.5	1.8	5.4	9.6	15.0	16.2	15.1	13.4	11.9	10.5	9.2	7.9	7.0	5.9	5.0	3.8	2.6	1.6	1.1	0.6	0
$(t-\bar{t})^2C_a$	4.28	52.3	64.8	82.1	60.6	32.5	6.6	0.1	6.1	17.5	30.3	42.4	51.5	60.3	63.5	65	59.6	45.9	33.3	26.4	15.4	0

表例 4-4(2)　断面 2 的数据和计算

T(min)	40	45	50	55	60	65	70	75	80	85	90	95	100	105	110	115	120	125	130	135	140	145
C_a(mg/l)	0.01	0.1	0.25	0.4	0.51	0.49	0.43	0.35	0.27	0.20	0.14	1.10	0.08	0.07	0.05	0.03	0.02	0.02	0.02	0.01	0.01	0
tC_a	0	4.5	12.5	22.0	30.6	31.9	30.1	26.3	21.6	17.0	12.6	9.5	8.0	7.4	5.5	3.5	2.4	2.5	2.6	1.4	1.4	0
$(t-\bar{t})^2C_a$	9.67	69.7	114.5	107.6	66.3	20.1	0.8	4.5	20	37	48.4	55.7	65.4	79.6	74.5	57.9	47.2	57.5	68.7	41.9	47.1	0

解：对断面 1，由表例 4-4(1)的第 1、2 行得第 3 行，继而由第 3 行得

$$\sum C_{a_i} = 6.96 \text{ mg/L}, \quad \sum t_i C_{a_i} = 144 \text{ mg} \cdot \text{min/L}$$

将以上两式带入式(4-60)，得

$$\bar{t} = \frac{\sum t_i C_{a\,i}}{\sum C_{a\,i}} = \frac{144}{6.96} = 20.7 \text{ min}$$

再进行$(t-\bar{t})^2C_a$ 的计算，见表例 4-4(1)的第 4 行，于是有

$$\sum (t_i - \bar{t})^2 C_{a_i} = 820 \text{ mg} \cdot \text{min}^2/\text{L}$$

继而由

$$\sigma_{t_1}^2 = \frac{\sum (t_i - \bar{t})^2 C_{a_i}}{\sum C_{a\,i}} = \frac{820}{6.96} = 118 \text{ min}^2$$

对断面 2,同理可依次求得

$$\sum C_{ai} = 3.56\ \text{mg/L}$$

$$\sum t_i C_{a_i} = 253\ \text{mg} \cdot \text{min/L}$$

$$\bar{t} = 71.1\ \text{min}$$

$$\sum (t_i - \bar{t})^2 C_{a_i} = 1\ 094\ \text{mg} \cdot \text{min}^2/\text{L}$$

$$\sigma_{t_2}^2 = 307\ \text{min}^2$$

断面平均流速可用下法估算，

$$V = \frac{x_2 - x_1}{t_{m_2} - t_{m_1}}$$

式中，x_1、x_2 分别是断面 1、2 与源点的距离；t_{m_1}、t_{m_2} 分别是与断面 1、2 的浓度峰值对应的时间，分别从表例 4-4(1) 和例 4-4(2) 的第一行和第二行查得 $t_{m_1} = 15$ min，$t_{m_2} = 65$ min。于是

$$V = \frac{4\ 630 - 2\ 500}{65 - 15} = 42.6\ \text{m/min} = 0.71\ \text{m/s}$$

由

$$E_L = \frac{(\sigma_{t_2}^2 - \sigma_{t_1}^2)V^2}{2(t_2 - t_1)} = \frac{(307 - 118) \times 42.6^2}{2 \times (71.1 - 20.7)}$$
$$= 3\ 403\ \text{m}^2/\text{min} = 56.7\ \text{m}^2/\text{s}$$

例 4-5　两平行平板间的层流运动，如例 4-5 图所示。设平板间距为 h，顶板相对于底板以速度 U_0 运动。为简单计，假定顶板以速度 $U_0/2$ 向右运动，底板以速度 $U_0/2$ 向左运动。平板间层流运动的离散速度分布为 $\hat{u}(y) = yU_0/h$。今在平板间投放一团示踪物，且经历时间 h^2/D 后消失，以使示踪物充分混合，试确定其离散系数。

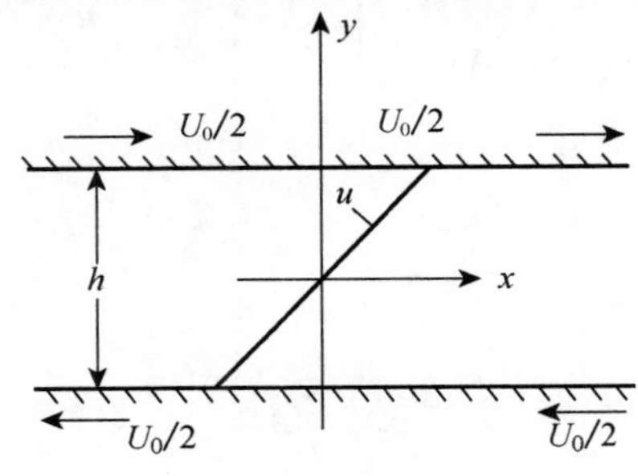

例 4-5 图

解:由二维明渠纵向离散系数 $E_L=-h^2\int_0^1 \hat{u}\left[\int_0^\eta \frac{1}{E_y}\left(\int_0^\eta \hat{u}\,\mathrm{d}\eta\right)\mathrm{d}\eta\right]\mathrm{d}\eta$,在平板间层流运动中,$-\frac{h}{2}\leqslant y\leqslant\frac{h}{2}$,则$-\frac{1}{2}\leqslant\eta\leqslant\frac{1}{2}$,另外层流运动离散系数是由于分子扩散引起的,式中的 E_y 应由分子扩散系数 D 代替。则

$$E_L=-h^2\int_{-\frac{1}{2}}^{\frac{1}{2}}\hat{u}\left[\int_{-\frac{1}{2}}^{\eta}\frac{1}{D}\left(\int_{-\frac{1}{2}}^{\eta}\hat{u}\,\mathrm{d}\eta\right)\mathrm{d}\eta\right]\mathrm{d}\eta$$

$$=-h^2\int_{-\frac{1}{2}}^{\frac{1}{2}}U_0\eta\left[\int_{-\frac{1}{2}}^{\eta}\frac{1}{D}\left(\int_{-\frac{1}{2}}^{\eta}U_0\eta\mathrm{d}\eta\right)\mathrm{d}\eta\right]\mathrm{d}\eta$$

$$=-\frac{h^2U_0^2}{D}\int_{-\frac{1}{2}}^{\frac{1}{2}}\eta\left[\int_{-\frac{1}{2}}^{\eta}\left(\int_{-\frac{1}{2}}^{\eta}\eta\mathrm{d}\eta\right)\mathrm{d}\eta\right]\mathrm{d}\eta=\frac{h^2U_0^2}{120D}$$

4. 用经验公式估算河流纵向离散系数

计算纵向离散系数的经验公式较多,但这些公式多有一定局限性,很难普遍使用。更值得注意的是这些公式应用于一个具体河段时,计算结果相差较大,因此使用经验公式需要慎重。当然在缺少详细实际资料时,利用经验公式是可取的。下面介绍几个常用的公式。

(1) Fischer 公式

$$E_L=0.011\frac{u^2w^2}{hu_*} \tag{4-64}$$

式中w、u、h、u_*分别为河宽、断面纵向平均流速、水深、剪切流速。

(2) McQuivey 和 Keefer 公式

$$E_L=0.058\frac{Q}{Sw} \tag{4-65}$$

式中 S 为河流的能坡。

(3) Liu 公式

$$E_L=\beta\frac{u^2w^2}{u_*A},\text{其中}\ \beta=0.018\left(\frac{u_*}{u}\right)^{1.5} \tag{4-66}$$

(4) Liu 和 Cheng 公式

$$E_L=r\frac{u_*A^2}{h^3},\quad r=0.6\text{ 或 }0.51 \tag{4-67}$$

习 题

4-1　关于圆管层流离散和紊流离散的分析方法有何区别?分析时做了哪些假定,

其依据是什么？

4-2　河流纵向离散系数的计算方法有哪些？各有何优点和不足？

4-3　某河段上实测过流断面的几何形状如图所示，根据实测资料把断面分为 4 块，已知每块的宽度 Δy、面积 ΔA 和断面平均流速 u 如附表所示，横向扩散系数 $D=0.0124$ m^2/s，试求纵向离散系数 D_L 值。

块号	1	2	3	4
Δy(m)	2.1	3.0	3.1	2.0
面积 ΔA(m^2)	1.18	3.93	6.18	1.10
u(m/s)	0.032	0.301	0.35	0.02

4-4　在某河段上通过示踪剂试验测得投放断面分别为 400 m 和 800 m 的下游两断面上浓度过程如表 1 和表 2 所列。已知河宽为 80 m，断面平均流速为 0.64 m/s，平均水深为 3.6 m，河段水面比降为 0.000 5 。求：

(1) 利用上游单站资料计算纵向离散系数 E_L；

(2) 利用下游单站资料计算 E_L；

(3) 用两站法计算 E_L；

(4) 分别用经验公式计算 E_L；

表 1　400 m 处浓度过程

t(s)	62	72	82	92	102	112	122	132	142	152	162	172
C(ppm)	2	3	4	6	5	4.2	3.1	2.4	1.6	0.6	0.4	0.1

表 2　800 m 处浓度过程

t(s)	280	290	300	310	320	330	340	350	360	370	380	390
C(ppm)	0.8	2.0	2.8	4.1	3.2	2.7	2.2	1.9	1.2	0.7	0.3	0.1

附　录　4

附录 4-1　柱坐标系下圆管层流的方程推导

有一圆管层流，$u_y=u_z=0$，取 u_r 为距管轴 r 处的纵向流速，则

$$\frac{\partial C}{\partial t}+u_r\frac{\partial C}{\partial x}=D\left(\frac{\partial^2 C}{\partial x^2}+\frac{\partial^2 C}{\partial y^2}+\frac{\partial^2 C}{\partial z^2}\right) \tag{1}$$

由于 $y^2+z^2=r^2$,故

$$\frac{\partial r}{\partial y}=\frac{y}{r},\frac{\partial r}{\partial z}=\frac{z}{r},\frac{\partial C}{\partial y}=\frac{\partial C}{\partial r}\frac{\partial r}{\partial y}=\frac{y}{r}\frac{\partial C}{\partial r},\frac{\partial C}{\partial z}=\frac{\partial C}{\partial r}\frac{\partial r}{\partial z}=\frac{z}{r}\frac{\partial C}{\partial r}$$

$$\frac{\partial^2 C}{\partial y^2}=\frac{\partial\left(\frac{y}{r}\frac{\partial C}{\partial r}\right)}{\partial r}\frac{\partial r}{\partial y}=\left[\frac{y}{r}\frac{\partial^2 C}{\partial r^2}-\frac{\partial C}{\partial r}\frac{\frac{r^2}{y}-y}{r^2}\right]\frac{y}{r}=\frac{y^2}{r^2}\frac{\partial^2 C}{\partial r^2}+\frac{\partial C}{\partial r}\frac{r^2-y^2}{r^3}$$

同理,$\frac{\partial^2 C}{\partial z^2}=\frac{z^2}{r^2}\frac{\partial^2 C}{\partial r^2}+\frac{\partial C}{\partial r}\frac{r^2-z^2}{r^3}$,则

$$\frac{\partial^2 C}{\partial y^2}+\frac{\partial^2 C}{\partial z^2}=\frac{y^2}{r^2}\frac{\partial^2 C}{\partial r^2}+\frac{\partial C}{\partial r}\frac{r^2-y^2}{r^3}+\frac{z^2}{r^2}\frac{\partial^2 C}{\partial r^2}+\frac{\partial C}{\partial r}\frac{r^2-z^2}{r^3}=\frac{\partial^2 C}{\partial r^2}+\frac{1}{r}\frac{\partial C}{\partial r}$$

(1)式成为$\frac{\partial C}{\partial t}+u_r\frac{\partial C}{\partial x}=D\left(\frac{\partial^2 C}{\partial x^2}+\frac{\partial^2 C}{\partial r^2}+\frac{1}{r}\frac{\partial C}{\partial r}\right)$,得证。

附录 4-2　圆管层流中扩散物质流量推导过程

$$\begin{aligned}
Q' &= 2\pi r_0^2\int_0^1 \hat{C}u_m\left(\frac{1}{2}-\varphi^2\right)\varphi \mathrm{d}\varphi \\
&= 2\pi r_0^2\int_0^1 \frac{r_0^2u_m^2}{8D}\frac{\partial C_a}{\partial \xi}\left(\varphi^2-\frac{1}{2}\varphi^4\right)\left(\frac{1}{2}-\varphi^2\right)\varphi \mathrm{d}\varphi \\
&= \frac{\pi r_0^4u_m^2}{4D}\frac{\partial C_a}{\partial \xi}\int_0^1\left(\varphi^2-\frac{1}{2}\varphi^4\right)\left(\frac{1}{2}-\varphi^2\right)\varphi \mathrm{d}\varphi \\
&= -\frac{\pi r_0^4u_m^2}{192D}\frac{\partial C_a}{\partial \xi}
\end{aligned}$$

附录 4-3　圆管紊流中断面平均流速推导过程

$$V=\frac{\int_0^{r_0}u_r\mathrm{d}A}{A}=\frac{\int_0^{r_0}u_r2\pi r\mathrm{d}r}{\pi r_0^2}=2\int_0^{r_0}u_r\frac{r}{r_0}\mathrm{d}\left(\frac{r}{r_0}\right)=2\int_0^1u_r\varphi \mathrm{d}\varphi$$

由于$\frac{u_m-u_r}{u_*}=f(\varphi)$,则

$$\begin{aligned}
V &= 2\int_0^1u_r\varphi \mathrm{d}\varphi=2\int_0^1[u_m-u_*f(\varphi)]\varphi \mathrm{d}\varphi \\
&= 2u_m\int_0^1\varphi \mathrm{d}\varphi-2\int_0^1u_*f(\varphi)\varphi \mathrm{d}\varphi \\
&= u_m-2u_*\int_0^1f(\varphi)\varphi \mathrm{d}\varphi \\
&= u_m-4.25u_*
\end{aligned}$$

附录 4-4　圆管紊流中纵向离散系数 E 的推导

$$E = -\frac{\tau}{\rho\dfrac{du}{dr}} = -\frac{\tau_0\varphi}{\rho\dfrac{du}{dr}} = -\frac{u_*^2\varphi}{\dfrac{du}{dr}}$$

由于$\dfrac{du}{dr}=\dfrac{d}{dr}(u_m-u_*f(\varphi))=\dfrac{d}{d\varphi}(u_m-u_*f(\varphi))\dfrac{d\varphi}{dr}=-u_*\dfrac{df(\varphi)}{d\varphi}\dfrac{1}{r_0}=-u_*f'(\varphi)\dfrac{1}{r_0}$，则

$E=\dfrac{r_0u_*\varphi}{f'(\varphi)}$

附录 4-5　圆管紊流中纵向离散方程的推导

由$\dfrac{u_m-u_r}{u_*}=f(\varphi)$得到$u_r=u_m-u_*f(\varphi)$。又因为$V=u_m-4.25u_*$，则在以断面平均流速运动的坐标系下，

$$\hat{u} = u_r - V = u_*(4.25 - f(\varphi)) \tag{2}$$

将(2)式代入

$$\frac{\partial}{\partial r}\left(Er\frac{\partial C}{\partial r}\right) = r\left(\hat{u}\frac{\partial C}{\partial \xi}\right) \tag{3}$$

令$\varphi=\dfrac{r}{r_0}$，将$E=\dfrac{r_0\varphi u_*}{f'(\varphi)}$及式(2)代入式(3)，则

$$\begin{aligned}
\frac{\partial}{\partial r}\left(Er\frac{\partial C}{\partial r}\right) &= \frac{\partial}{\partial r}\left(\frac{r_0\varphi u_*}{f'(\varphi)}r\frac{\partial C}{\partial r}\right) = \frac{\partial}{\partial r}\left(\frac{r^2u_*}{f'(\varphi)}\frac{\partial C}{\partial r}\right)\\
&= \frac{1}{r_0^2}\frac{\partial}{\partial\varphi}\left(\frac{r^2u_*}{f'(\varphi)}\frac{\partial C}{\partial\varphi}\right) = \frac{\partial}{\partial\varphi}\left(\frac{\varphi^2u_*}{f'(\varphi)}\frac{\partial C}{\partial\varphi}\right)\\
&= r\left[u_*(4.25 - f(\varphi))\frac{\partial C}{\partial\xi}\right]\\
&= r_0\varphi\left[u_*(4.25 - f(\varphi))\frac{\partial C}{\partial\xi}\right]
\end{aligned}$$

因此

$$\frac{\partial}{\partial\varphi}\left[\frac{\varphi^2}{f'(\varphi)}\frac{\partial C}{\partial\varphi}\right] = r_0\varphi[4.25 - f(\varphi)]\frac{\partial C}{\partial\xi}$$

第五章
污染物质在河流中的扩散与混合

分析如图 5-1 所示流入河中的污水出流，可以将其划分为三个阶段。第一阶段称为初始稀释阶段或垂向混合阶段。出流的初始动量和浮力决定了稀释率（图中 A 段），当污水的出流速度较大时，其动量对于稀释作用较大，当污水与周围流体的密度差异较大时，浮力对于稀释作用较大。第一阶段的分析采用第六章介绍的浮力射流理论来解决。当污水稀释后，初始动量和浮力的作用也就减弱，污水在垂直方向（沿水深）完全混合而进入第二阶段，在第二阶段就可以不考虑动量和浮力的影响。第一阶段常称为近区，掺混、扩散过程比较复杂，一般是三维问题，在特定的条件下也可能简化为二维问题。

第二阶段称为横向混合段（图中 B 段）。污水在受纳河渠中的横向混合，主要是由于受纳河渠中的紊动作用。在该阶段，初始动量和浮力已经消失，横向的污染范围逐渐变宽，其结果导致全断面均匀混合，该阶段可以用二维（纵向和横向）紊流扩散控制方程来进行分析。第二阶段发生在距排水口较远的水域，常称为远区。

第三阶段称为纵向离散阶段。当污水在河渠横向充分混合后，纵向剪切流动的离散过程将使纵向浓度趋向一致（图中 C 段）。这最后的阶段类似于管流中能够应用泰勒分析的纵向离散区，一般按纵向一维离散处理。

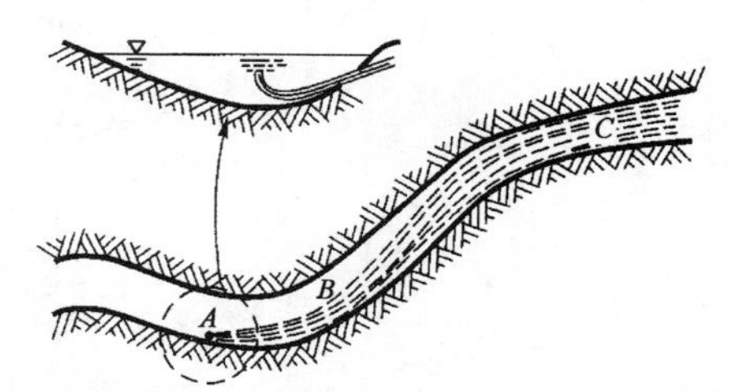

A— 初始稀释阶段；B — 污染带扩展阶段 C—纵向离散阶段

图 5-1 污水进入河流后的三个混合阶段

有时第一阶段可以扩展到整个河渠，实际上就取消了第二阶段。从河边电站一次冷却系统中泄出的大量热水就是一个例子，因为它出流的初始动量和浮力相对来说都很大；另一方面，很多工业和城市污水泄入受纳河流的出流量，其动量或浮力都是可以忽略的，实际上可作为一个质量点源来处理。

本章我们仅讨论受纳河流中紊动和剪切的作用，也即假设第一阶段所发生的各种情况可以应用第六章的方法独立加以计算，所以可以把污染物看作为自身没有动量和浮力的示踪源来处理。

§5-1　污染带计算

计算目的主要是确定污染带的浓度分布，污染带宽度以及扩展至全河宽和达到全断面均匀混合所需经历的距离。

5-1-1　污染带浓度分布

污水进入河流后一般很快在垂线上达到均匀混合，污染带的发展是以垂线均匀混合开始算起，把每一条垂线视为浓度均匀分布的线源。

以水深为 h 的矩形明渠为例(如图 5-2 所示)：设单位时间进入线源的物质质量为 $\dot{M}$，质量为 $\dot{M}$ 的均匀分布线源进入水深为 h 的水流的扩散和强度为 $\dot{M}/h$ 的点源在 xoz 平面上的二维扩散相同。设 x 沿水流方向，z 沿河宽方向。多数情况下，污水排放为时间连续源，恒定时间连续点源在二维平面上的移流扩散的浓度分布函数为：

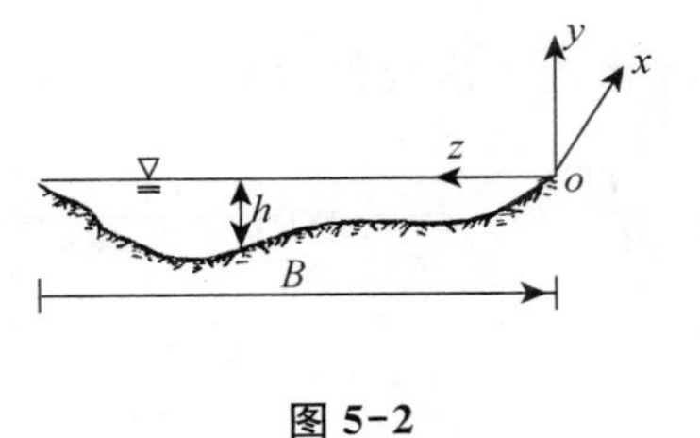

图 5-2

$$C(x,z)=\frac{\dot{M}}{\bar{u}h\sqrt{4\pi E_z x/\bar{u}}}\exp\left(-\frac{\bar{u}z^2}{4E_z x}\right) \tag{5-1}$$

上式在河道断面垂线上各点流速等于断面平均流速情况下是正确的。在以下的讨论中，暂时不考虑由于断面平均流速与各点流速的差异引起的污染物质的离散，这个限制在实验室宽矩形渠道中可以接受，因为垂向流速很快平均化，并无明显横向变化。将坐标原点设在点源中心，坐标 z 从原点算起，因河流的宽度 B 为有限，且两侧均有河岸边界的反射，需在式(5-1)加上边界反射项。在考虑边界反射时，点源的位置是一个重要参数。假定点源位于横坐标 $z=z_0$ 处，令无量纲横坐标 $z'=\frac{z}{B}$，

无量纲纵坐标

$$x'=\frac{E_z}{\bar{u}B^2}x$$

无量纲点源坐标

$$z'_0=\frac{z_0}{B}$$

起始全断面平均浓度

$$C_0=\frac{\dot{M}}{\bar{u}hB}$$

则

$$\frac{C}{C_0}=\frac{1}{\sqrt{4\pi x'}}\exp\left(-\frac{(z'-z'_0)^2}{4x'}\right)$$

以上式为基础,并考虑两岸的反射,得:

$$\frac{C(x,y,z)}{C_0}=\frac{1}{\sqrt{4\pi x'}}\sum_{n=-\infty}^{\infty}\exp[-(z'-2n-z'_0)^2/4x'] \\ +\exp[-(z'-2n+z'_0)^2/4x']$$

考虑一次反射,得

$$\frac{C}{C_0}=\frac{1}{\sqrt{4\pi x'}}\exp\left(-\frac{(z'-z'_0)^2}{4x'}\right)+\exp\left(-\frac{(z'+z'_0)^2}{4x'}\right)+\exp\left(-\frac{(z'-2+z'_0)^2}{4x'}\right) \\ +\exp\left(-\frac{(z'-2-z'_0)^2}{4x'}\right)+\exp\left(-\frac{(z'+2-z'_0)^2}{4x'}\right) \tag{5-2}$$

若令 $z'_0=1/2$ 及 $z'=\frac{1}{2}$,可绘出中心排放时沿河道中心线的纵向浓度分布曲线;若令 $z'_0=1/2$ 及 $z'=1$ 或 $z'=0$ 即可绘出中心排放时沿岸边的纵向浓度分布曲线,如图 5-3 所示。

岸边排放的扩散区分布形状与中心排放的一侧相似,所以当排放质量相等时,对同一横向坐标的点,岸边排放所造成的浓度恰为中心排放的 2 倍。这一结论已经过实验论证。见图 5-4。

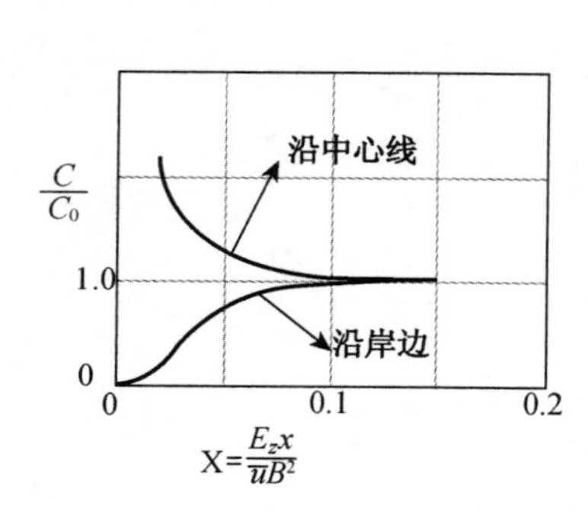

图 5-3 中心排放时沿中心线和岸边浓度分布

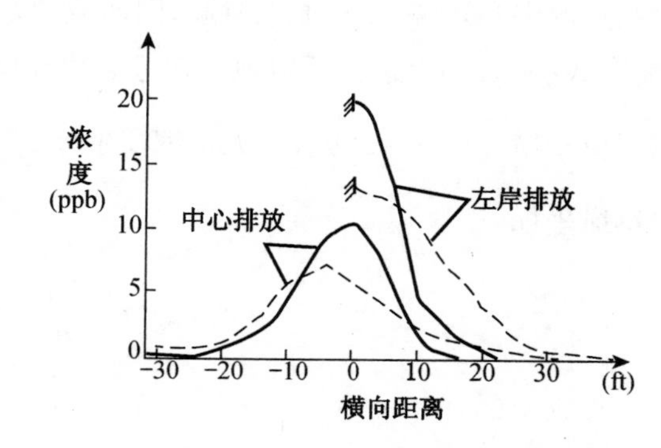

图 5-4 Fischer 实测浓度分布图

说明：

(1) 浓度分布曲线是 Fischer(1967) 在中心及岸边排放下所观测的资料绘制。

(2) 实线为排放点下游 400 ft 断面浓度分布，虚线为排放点下游 1 000 ft 断面浓度分布。

(3) 横向距离对中心排放是从中心量起，岸边排放是从距左岸 1 ft 处量起。

从图 5-5 可以看出，岸边排放和中心排放的方差相同（岸边排放的方差计算是相应于排放岸的浓度作为平均浓度的，中心排放的方差是相应于中心点的浓度作为平均浓度计算的），沿岸的变化规律也相同，即方差沿着纵向距离线性增大。所以对矩形断面明渠按点源的二维扩散处理，以及对边界反射所作的分析是符合实际的。

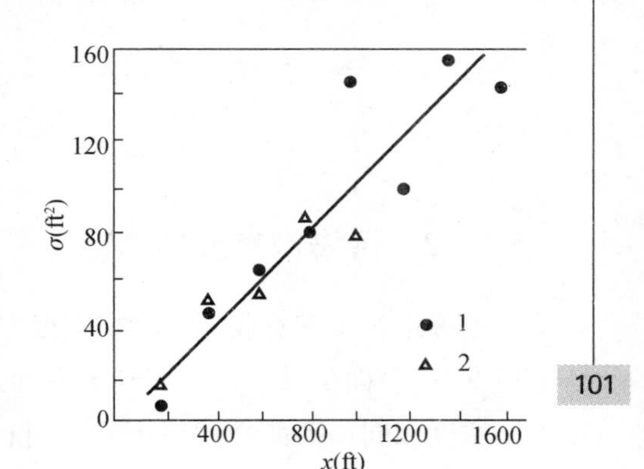

1—岸边排放；2—中心排放；
x—自排放点到下游的距离

图 5-5　扩散云方差的沿程变化

由于对同一横向坐标的点，岸边排放的所造成的浓度恰为中心排放的 2 倍，故岸边排放的横向扩展宽度为中心排放的 2 倍，可以把图 5-3 中心排放的结论应用于岸边排放，在应用于岸边排放时，图中标有“沿中心线”的浓度分布曲线当做排放岸的浓度分布曲线，而把标有“沿岸边”的浓度分布曲线当做排放岸对岸的浓度分布曲线，图中的无量纲中的横坐标中的 B 用 $2B$ 代替。

若排入河中污水中含有相当大的初始动量和受浮力作用，例如废热水泄入河流，在初始稀释阶段结束后将以扩散的形式占据横断面的某一部分，此时需视为一个分布源 $C_i(z)$ 作进一步的扩散计算，按迭加原理：

$$C(z') = \int_0^1 \frac{C_i(z'_0)}{\sqrt{4\pi x'}} \sum_{n=-\infty}^{\infty} \left\{ \exp[-(z'-2n-z'_0)^2/4x'] + \exp[-(z'-2n+z'_0)^2/4x'] \right\} \mathrm{d}z'_0 \tag{5-3}$$

例 5-1　点源羽流的扩展。宽度很宽，缓慢弯曲的河流中心线附近的工业废水 0.2 m³/s，其中有 200 ppm 的保守物质。河流水深 6 m，水流平均速度为 0.6 m/s，剪切流速为 0.15 m/s。假设在垂线上废水完全混合，横向紊动扩散系数 $E_z = 0.4hu_*$，求入流下游 1 000 m 处的羽流宽度和最大浓度值。

解：时间连续点源的移流扩散方程为

$$C(x,z) = \frac{\dot{M}}{\bar{u}h\sqrt{4\pi E_z x/\bar{u}}} \exp\left(-\frac{\bar{u}z^2}{4E_z x}\right)$$

$$\dot{M}=0.2\times 200=40\ \text{g/s}, E_z=0.4hu_*=0.4\times 6\times 0.15=0.36\ \text{m}^2/\text{s}$$

上式中，下游 1 000 m 处的羽流宽度可以看成是 4σ，$\sigma=\sqrt{2E_z x/\bar{u}}$

则羽流宽度为 $b=4\sigma=4\times\sqrt{2E_z x/\bar{u}}=4\times\sqrt{2\times 0.36\times 1\,000/0.6}=138.56$ m

根据式(5-1)，

$$C_{\max}=\frac{\dot{M}}{\bar{u}h\sqrt{4\pi E_z x/\bar{u}}}=\frac{40}{0.6\times 6\times\sqrt{4\times 3.14\times 0.36\times 1\,000/0.6}}$$
$$=0.128\ \text{ppm}$$

5-1-2 污染带宽度的确定

确定污染带宽度，需要给“宽度”一个明确的定义。严格意义来讲，在不受边界约束的情况下，横向扩散可以延展到无穷远处，但从实用角度而言，当横向扩散距离相当远以后，其浓度和同一断面最大浓度相比可以忽略不计。而对所研究的实际问题不发生大的偏差，可以认为扩散的范围到此为止。

一般情况下，当边远点的浓度为同一断面上最大浓度的 5%时，该点即认为是污染带的边界点。对于中心排放，任何断面上最大浓度点在中心线上，对岸边排放，最大浓度点在排放岸。污染带宽度计算，实际上是一个横向浓度分布问题。只要决定了污染带的浓度分布计算公式，不难得出相应的污染带宽度。

5-1-3 达到全断面均匀混合的距离

点源二维扩散的横向浓度为正态分布，随着纵向距离增加，横向浓度分布曲线会变得愈加平坦而趋于均匀化，这种均匀化的趋势若使断面上最大浓度和最小浓度之差不超过 5%，可以认为达到了均匀混合。在图 5-3 中，当无量纲纵向距离 $x'=0.1$ 时沿中心线浓度与沿岸边浓度接近相等，差值在 5%以内，所以无量纲横坐标 $x'=0.1$ 对应的距离是断面上达到均匀混合所需要的距离，故对于中心排放：

$$L_m=0.1\,\frac{\bar{u}B^2}{E_z}$$

对于岸边排放，可用 $2B$ 代替 B，故岸边排放时

$$L_m=0.1\,\frac{\bar{u}(2B)^2}{E_z}=0.4\,\frac{\bar{u}B^2}{E_z}$$

可见，岸边排放需要 4 倍于中心排放的距离才能达到断面上的均匀混合。

例 5-2 在一条宽阔略有弯曲的河流中心设有一工业排污口，污水流量为 0.2 m³/s，污水中含有有害物质的浓度为 100 ppm，河流水深为 4 m，流速为 1 m/s，摩阻流速 $u_*=$

0.061 m/s，假定污水排入河流后可在垂向立即混合均匀，已知横向扩散系数为 $E_z = 0.4hu_*$，试估算排污口下游 400 m 处污染带宽度及断面上最大浓度。设排污口下游 400 m断面上允许最大浓度为 5 ppm，问排污口的排污流量可增加多少倍(假定排污浓度维持不变)？

解：

(1) 污染带宽度的计算

利用二维点源对流扩散公式：

$$C(x,z) = \frac{m}{u\sqrt{4\pi E_z x/u}}\exp\left(-\frac{uz^2}{4E_z x}\right)$$

排污口下游 400 m 处断面最大浓度(中心点)为 $C(400,0)$，最小浓度浓度为 $C(400,z)$，当$\frac{C(400,z)}{C(400,0)} = \exp\left(-\frac{ub^2}{4E_z x}\right) = 0.05$ 时的 z 值即为污染带的半宽 b。

由上式即可解出中心排放时污染带半宽为 $b = 3.46\sqrt{\frac{E_z x}{u}}$，则排放口下游 400 m 处污染带宽度为

$$2b = 2\times 3.46\times\sqrt{\frac{0.4hu_*\times 400}{1}} = 2\times 3.46\times\sqrt{0.4\times 4\times 0.061\times 400}$$
$$= 43.23\ \text{m}$$

(2) 下游 400 m 处断面上的最大浓度

$$C_{\max} = \frac{m}{u\sqrt{4\pi E_z x/u}} = \frac{0.2\times 100/4}{1\times\sqrt{4\times\pi\times 0.4\times 4\times 0.061/1}}$$
$$= 0.225\ \text{ppm}$$

(3) 若排污口下游 400 m 断面上允许最大浓度为 5 ppm，则由上式可解出排污口每秒钟所排放的污染物流量为

$$M = uh\sqrt{4\pi E_z x/u}C_{\max} = 1\times 4\times\sqrt{4\times\pi\times 0.4\times 4\times 0.061/1}\times 5\ 000$$
$$= 442\ 800\ \text{mg}$$

因排污浓度为 100 mg/L，故允许排放流量为 442 800/100＝4 428 L/s＝4.428 m^3/s，可知排污流量可增大约 20 倍。

例 5-3　在一顺直矩形断面的河段，有岸边排污口恒定连续排放污水。已知河宽 50 m，水面比降为 0.000 2，水深为 2 m，平均流速为 0.8 m/s，水流近于均匀流。若取横向扩散系数 $E_z = 0.4hu_*$，试估算污染物扩散至对岸及达到全断面均匀混合分别所需要的距离。若其余条件不变，污染物排放口放在河流中心，结果会有何变化？

解：

(1) 估算达到对岸的距离

由岸边排放所造成的浓度可由式(5-1)导出，当尚未到达对岸以前，令式中 $n=0$，其浓度公式为

$$C(x,z)=\frac{2m}{u\sqrt{4\pi E_z x/u}}\exp\left(-\frac{uz^2}{4E_z x}\right)$$

令上式中 $z=0$ 即为最大浓度，令 $z=B$ 即为达到对岸时浓度。

当$\frac{C(x,B)}{C(x,0)}=0.05$ 时的距离 x 即为达到对岸所需要距离 L。

$$\frac{C(x,B)}{C(x,0)}=\exp\left(-\frac{uB^2}{4E_z L}\right)=0.05$$

由上式解出

$$L=\frac{B^2 u}{11.97E_z}$$

$$u_*=\sqrt{ghI}=\sqrt{9.81\times 2\times 0.0002}=0.0626\ \mathrm{m/s}$$

$$E_z=0.4hu_*=0.4\times 2\times 0.0626=0.05\ \mathrm{m^2/s}$$

$$L=\frac{50^2\times 0.8}{11.97\times 0.05}=3\,341.7\ \mathrm{m}$$

(2) 岸边排放达到全断面均匀混合所需的距离

$$L'=0.4\frac{B^2 u}{E_z}=0.4\times 0.8\times 50^2/0.05=16\,000\ \mathrm{m}$$

例 5-4 有一大型长直明渠，渠中含有推移质泥沙及大量悬移质泥沙，悬沙平均粒径为 0.03 mm，比重为 2.65，沉速 $w=0.085$ cm/s，水深为 1/2 h 处的悬沙浓度为 125 ppm，明渠垂线流速分布满足下列关系：

$$u=\frac{u_*}{K}\ln\frac{z}{h}+u_{\max}$$

式中 $k=0.4$，z 为由渠底量起的垂直坐标，在$\frac{z}{h}=0.37$ 处流速和断面平均流速相等。已知明渠过水断面面积 $A=407.3\ \mathrm{m^2}$，水力半径 $R=3.5$ m，水深 $h=3.55$ m，流量 $Q=378.8\ \mathrm{m^3/s}$，底坡 $S=0.112\times 10^{-3}$，若将悬沙视为与平均粒径相等的均质沙，试求悬沙浓度沿垂线的分布函数。此外对于顺直明渠泥沙垂向扩散系数可取为水流紊动扩散系数的2 倍，令水深(从渠底量起)为 0.05 h 处悬沙浓度为 C。

解：

(1) 求垂向扩散系数

渠中悬沙浓度底部高上部低，单位时间沿铅垂方向通过单位面积向上扩散的泥沙重量为

$$F_1=-\varepsilon_z\frac{\mathrm{d}C}{\mathrm{d}z}$$

ε_z 为悬沙在垂向的扩散系数。

令 C 为 z 点处的悬沙浓度，单位时间通过单位面积下沉的泥沙重量为

$$F_2=Cw$$

在二维均匀流不冲不淤的平衡状态下，沿铅垂方向通过单位面积下沉和向上扩散的泥沙重量应该相等，即

$$F_1=F_2\text{ 或 }Cw=-\varepsilon_z\frac{\mathrm{d}C}{\mathrm{d}z}\text{ 或 }Cw+\varepsilon_z\frac{\mathrm{d}C}{\mathrm{d}z}=0$$

由题目 $\varepsilon_z=2E_z$，E_z 为水流在 z 方向的紊动扩散系数，按照雷诺比拟，

$$E_z=-\frac{\tau}{\rho\frac{\mathrm{d}u}{\mathrm{d}z}}$$

$$\varepsilon_z=-\frac{2\tau}{\rho\frac{\mathrm{d}u}{\mathrm{d}z}}$$

于是

$$Cw=\frac{2\tau}{\rho\frac{\mathrm{d}u}{\mathrm{d}z}}\frac{\mathrm{d}C}{\mathrm{d}z}$$

在二维均匀流中，切应力 τ 沿铅垂分布呈直线，$\tau=\tau_0\left(1-\frac{z}{h}\right)$，$\tau_0$ 为床面处切应力。

由 $u=\frac{u_*}{K}\ln\frac{z}{h}+u_{\max}$，得到$\frac{\mathrm{d}u}{\mathrm{d}z}=\frac{u_*}{Kz}$

故

$$E_z=-\frac{\tau_0\left(1-\frac{z}{h}\right)}{\rho\frac{u_*}{Kz}}=-\frac{\rho u_*^2\left(1-\frac{z}{h}\right)}{\rho\frac{u_*}{Kz}}=-u_*Kz\left(1-\frac{z}{h}\right)$$

于是

$$Cw=2u_*kz\left(1-\frac{z}{h}\right)\frac{\mathrm{d}C}{\mathrm{d}z}$$

故

$$\frac{\mathrm{d}C}{C}=\frac{w}{2u_* k}\frac{\mathrm{d}z}{z\left(1-\frac{z}{h}\right)}$$

(2) 流速分布公式

$$u_* =\sqrt{gRS}=\sqrt{9.81\times 3.5\times 0.112\times 10^{-3}}=0.062\ \mathrm{m/s}$$

断面平均流速

$$v=\frac{Q}{A}=\frac{378.8}{407.3}=0.93\ \mathrm{m/s}$$

断面流速分布为

$$u=\frac{0.062}{0.4}\ln\frac{z}{h}+u_{\max}=0.155\ln\frac{z}{h}+u_{\max}$$

已知当$\frac{z}{h}=0.37$时,$u=v$,代入上式可解出垂线上最大流速

$$u_{\max}=v-0.155\ln 0.37=1.084\ \mathrm{m/s}$$

于是 $u=0.155\ln\frac{z}{h}+1.084$

(3) 悬沙沿垂向的浓度分布

已知 $z=0.05\ \mathrm{h}$ 含沙浓度为 C_0,将上式从 $z=0.05\ \mathrm{h}$ 到 z 之间积分可得

$$\ln\frac{C}{C_0}=\frac{w}{2Ku_*}\ln\left(\frac{0.05h}{h-0.05h}\frac{h-z}{z}\right)$$

将 $w=0.085\ \mathrm{cm/s}$,$K=0.4$,$u_*=0.062\ \mathrm{m/s}$ 代入上式得

$$\frac{C}{C_0}=\left(\frac{h-z}{19z}\right)^{0.017}$$

由所给条件,当 $z=0.5\ \mathrm{h}$ 时 $C=125\ \mathrm{ppm}$,代入上式求得 $C_0=131.4\ \mathrm{ppm}$,于是悬沙浓度沿垂向的分布式为

$$C=131.4\left(\frac{h-z}{19z}\right)^{0.017}$$

§5-2 用累积流量坐标计算天然河流中二维扩散

实际天然河流中横断面上水深和流速均有变化,为了反映横断面上水深和流速的不

规则变化，尤佐古拉和谢尔将横坐标（z 方向）改用无量纲累积流量坐标来计算河流的二维扩散，形成了累积流量法。

5-2-1　用累积流量坐标表达的二维扩散方程

二维移流紊动扩散方程为：

$$\frac{\partial \bar{C}}{\partial t}+\overline{u_x}\frac{\partial \bar{C}}{\partial x}+\overline{u_z}\frac{\partial \bar{C}}{\partial z}=\frac{\partial}{\partial x}\left(E_x\frac{\partial \bar{C}}{\partial x}\right)+\frac{\partial}{\partial z}\left(E_z\frac{\partial \bar{C}}{\partial z}\right)+D\left(\frac{\partial^2 \bar{C}}{\partial x^2}+\frac{\partial^2 \bar{C}}{\partial z^2}\right)$$

假定$\frac{\partial \bar{C}}{\partial t}=0$，忽略分子扩散及$\overline{u_z}\frac{\partial \bar{C}}{\partial z}$，$\frac{\partial}{\partial x}\left(E_x\frac{\partial \bar{C}}{\partial x}\right)$诸项，并以 $\bar{u}$ 代替$\overline{u_x}$，得到

$$\bar{u}\frac{\partial \bar{C}}{\partial x}=\frac{\partial}{\partial z}\left(E_z\frac{\partial \bar{C}}{\partial z}\right) \tag{5-4}$$

令横截面单宽流量为 q，$q=h\bar{u}$。h 是横截面上相应点的水深，$\bar{u}$ 为该点垂线平均纵向流速。以河岸为 z 坐标原点，对横截面上任意点从河岸算起的累计单宽流量 q_c 为：$q_c=\int_0^z q\mathrm{d}z=\int_0^z h\bar{u}\mathrm{d}z$

$$\frac{\mathrm{d}q_c}{\mathrm{d}z}=\frac{\mathrm{d}}{\mathrm{d}z}\int_0^z q\mathrm{d}z=\frac{\mathrm{d}}{\mathrm{d}z}\int_0^z h\bar{u}\mathrm{d}z=h\bar{u}$$

因 q_c 仅与 z 有关，故

$$\frac{\mathrm{d}q_c}{\mathrm{d}z}=\frac{\partial q_c}{\partial z}=h\bar{u} \tag{5-5}$$

将 $\bar{u}\frac{\partial \bar{C}}{\partial x}=\frac{\partial}{\partial z}\left(E_z\frac{\partial \bar{C}}{\partial z}\right)$写成 $\frac{\partial \bar{C}}{\partial x}=\frac{\partial}{\bar{u}\partial z}\left(E_z\frac{\partial \bar{C}}{\partial z}\right)$的形式，

将横坐标 z 改为累计流量 q_c，上式变成

$$\frac{\partial \bar{C}}{\partial x}=\frac{\partial}{\partial q_c}\left(h^2\bar{u}E_z\frac{\partial \bar{C}}{\partial q_c}\right) \tag{5-6}$$

设全断面流量为 Q_R，令无量纲累积流量坐标 $p=\frac{q_c}{Q_R}$，则$\frac{\partial q_c}{\partial p}=Q_R$

式(5-6)成为

$$\frac{\partial \bar{C}}{\partial x}=\frac{\partial}{\partial p}\left(\frac{h^2\bar{u}E_z}{Q_R^2}\frac{\partial \bar{C}}{\partial p}\right) \tag{5-7}$$

令

$$K=\frac{\langle h^2\bar{u}\rangle E_z}{Q_R^2}=\frac{E_Z}{Q_R^2}\int_0^1 h^2\bar{u}\mathrm{d}p \tag{5-8}$$

式中 K 为横向扩散因素。则得 $\frac{\partial\bar{C}}{\partial x}=K\frac{\partial^2\bar{C}}{\partial p^2}$

上式即是以无量纲横向累积流量坐标表示的移流扩散方程。和一维分子扩散方程具有相同的形式。浓度 $\bar{C}$ 沿坐标 p 呈正态分布。

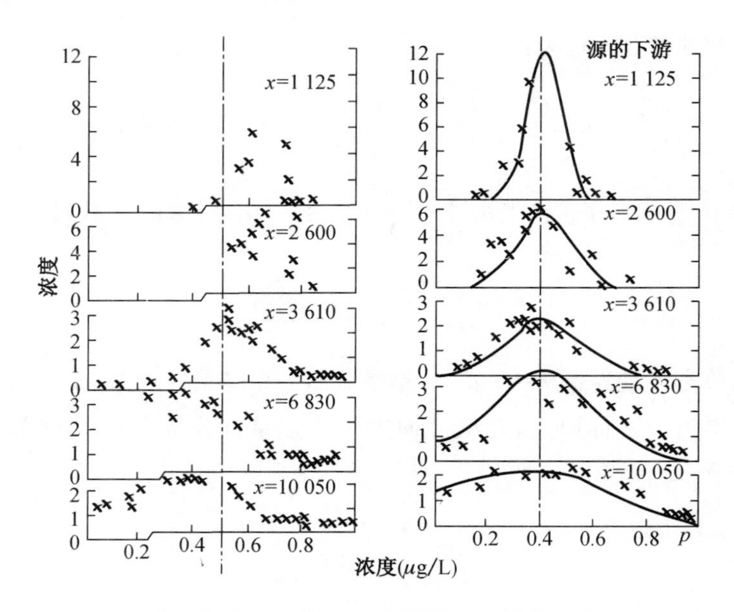

图 5-6　尤左古拉等(1970)在密苏里河观测的横向浓度分布

图 5-6 中左图是按照横向相对距离来点绘的,实测点距显得比较散乱,规律性不好。右图是用无量纲累积流量值 p 来点绘的,显示出明显的正态分布规律性。说明横向累积流量坐标能较好地反映天然河道横断面不规则变化对横向扩散的影响。

5-2-2　关于横向扩散因素 *K* 及无量纲累积坐标 *p* 的计算

1. 无量纲累积流量坐标 *p* 的计算

$$p=\frac{q_c}{Q_R} \tag{5-9}$$

$$q_c=\int_0^z h\,\bar{u}\,\mathrm{d}z=\int_0^z h\,\frac{1}{n}h^{0.67}I^{0.5}\,\mathrm{d}z=\int_0^z h^{1.67}\left(\frac{1}{n}I^{0.5}\right)\mathrm{d}z$$

$$Q_R=\frac{1}{n}\bar{h}^{1.67}I^{0.5}B$$

在同一横断面上假定 $\frac{1}{n}I^{0.5}$ 为常数,则

$$p=\int_0^z\frac{h^{1.67}}{\bar{h}^{1.67}B}\mathrm{d}z \tag{5-10}$$

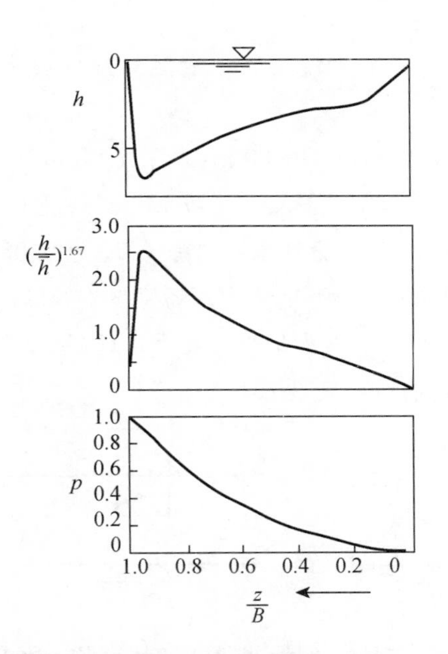

图 5-7　无量纲累积流量坐标中计算步骤图

如图 5-7 所示，累计流量坐标 p 的计算步骤如下：

(1) 绘制水深沿横断面变化曲线；

(2) 作出$(\frac{h}{\bar{h}})^{1.67}$沿横向分布；

(3) 利用数值积分可求出 p 沿横向分布；

(4) 作出 $p\sim\frac{z}{B}$关系曲线。

2. 扩散因素 K 的计算

$$K=\frac{E_z}{Q_R^2}=\int_0^1 h^2\ \bar{u}\mathrm{d}p$$

$$\int_0^1 h^2\ \bar{u}\mathrm{d}p=\langle h^2\ \bar{u}\rangle=\langle h^2\ \frac{1}{n}h^{0.67}I^{0.5}\rangle=\frac{1}{n}I^{0.5}\langle h^{2.67}\rangle$$

故

$$K=\frac{E_z}{nQ_R^2}I^{0.5}\langle h^{2.67}\rangle$$

式中，$\langle h^{2.67}\rangle$为对 $h^{2.67}$取断面平均。

习　题

5-1　在一顺直矩形断面的河段，有岸边排污口恒定连续排放污水，已知河宽为 50 m，水面比降为 0.000 2，河流水深为 2 m，平均流速为 0.8 m/s，水流近平均匀流，若取

横向扩散系数 $E_y=0.4hu_*$，试估算污染物扩散至对岸以及到达断面均匀混合所需要的距离分别为多少？

5-2 有一平直均匀河段，河宽$w=60$ m，水深 $h=3$ m，设为均匀流速场，其流量 $Q=140\ m^3/s$。污水出口在河中心，其流量 $Q_p=0.7\ m^3/s$，浓度 $C_0=500$ ppm，河宽远大于水深，污染源近似看做连续集中线源，设横向扩散系数 E_y 为 $0.054\ m^2/s$。

试求：(1) 以 $C(x,b)=0.05C(x,0)$ 来定义污水场宽度 $b(x)$ 的表达式；

(2) 当 $b=w/2$ 时的距离 x 值及此处的最大浓度 C_{max}；

(3) 若污染源在岸边，将如何变化？

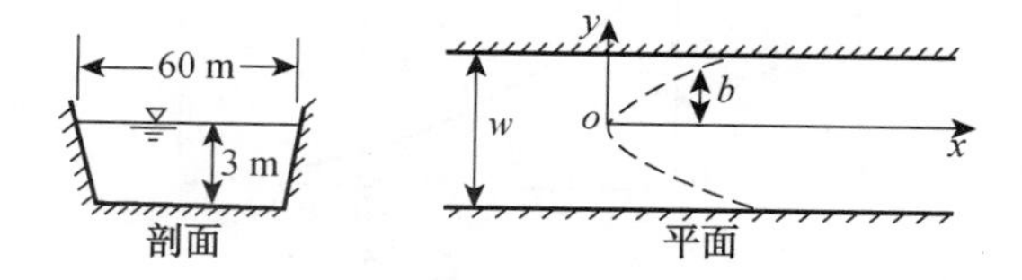

5-3 在河流断面中心有一排污口，流量 $q=0.5\ m^3/s$，守恒的污染物质浓度 $C_0=600$ ppm，河流断面宽度 $B=70$ m，水深 $h=3$ m，河流比降 $I=0.000\,1$。粗糙系数 $n=0.025$。流量 $Q=175\ m^3/s$，$E_z=0.6hu_*$，求：

(1) 达到均匀混合的污染带宽度(不考虑边界反射)；

(2) 当污染水达到全河宽时，求该处离开源点的距离及其最大浓度 C_{max}(考虑边界一次反射与边界不反射，并比较)。

5-4 有一水深为 20 m 的水塘，塘底均匀布满工厂排入的有毒物质进行瞬时排放，平均排放强度为 $0.1\ kg/m^2$。设塘底近似水平，底面和边壁对污染物均完全不吸收，求一个月后水面处污染物的浓度为多少？污染物在水中的扩散系数为 $1\ cm^2/s$。

5-5 河流右岸有岸边排污口，污水浓度为 300 ppm，今欲在下游左岸相距排污断面为 1 000 m处设置一工业用水提水站，其允许浓度为 1.5 ppm，试问上游排污口的限制排污流量为多少(污水排放为恒定连续源)？已知河宽 90 m，河段平均流速 0.62 m/s，平均水深 2.8 m，河道比降为 0.002。若提水站设在右岸，限制的流量又应为多少(不考虑边界反射)？

5-6 某河流岸边有一排污口，连续恒定排放污水。已知出口处污水流量 $Q_0=0.5\ m^3/s$，污染物浓度 $C_0=600$ mg/L，河宽 $B=70$ m，水深 $h=3$ m，水力坡度 $J=0.000\,1$，流量 $Q=175\ m^3/s$，横向紊动扩散系数 $E_y=0.6hu_*$。试计算污染带全宽 B 的表达式；当污染带扩散到全河宽时，试求该断面距排污口距离 L 和最大浓度 C_{max}(不计河岸反射，水力半径 $R\approx h$)。

5-7 考虑一个均匀流速 $u=(U,0,0)$ 河流线源污染流体的扩散，试用量纲分析法确定河流断面污染物浓度分布

$$c(x,y)=\frac{\dot{m}}{U\sqrt{4\pi E_y x/U}}\exp\left(-\frac{y^2U}{4E_y x}\right)$$

式中，$\dot{m}$ 为 z 轴方向上的线源的排放强度(kg/m/s)；E_y 为河流横向紊流扩散系数。

5-8　在上题中，将污染羽的宽度定义为高斯分布标准差的4倍，证明污染羽抵达河岸的距离为 $L=\frac{UW^2}{32E_y}$。

5-9　一流量为 $Q=103.7\ m^3/s$ 的明渠水力要素如下：$U=1.05\ m/s$，$h=1.09\ m$，$B=90.6\ m$，$u_*=0.07\ m/s$，$J=0.000\ 5$，明渠水流为均匀流，今有含盐量为 30 kg/m^3 的废水以流量为 0.5 m^3/s 排放到明渠中。试对废水投放点分别位于中心和岸边两种情形的横向扩散进行计算(假定垂向扩散瞬间完成)：

(1) 计算上述两种情况下在明渠整个宽度上达到完全混合所需要的距离；

(2) 计算并绘制在0.5 km，20 km两个断面上废水浓度的横向分布。

5-10　一明渠水流可看作缓流，已测得水力要素如下：$U=1.0\ m/s$，$h=0.7\ m$，$B=6\ m$，$u_*=0.07\ m/s$，今有质量为4 kg的盐被投放于水流中，并在瞬间扩散到明渠的全断面上。试确定以下三种工况下，投放点下游1 km处断面上浓度随时间的变化：

(1) 工况A：盐在 $x=0$ 断面上瞬时投放；

(2) 工况B：盐在 $x=0$ 断面上在8 min内投放；

(3) 工况C：在 $x=0$ 和250 m处的断面上同时各投放2 kg盐；

(4) 对上述三种情况，计算在1 km处断面上浓度高于0.002 kg/m^3 的时间；

(5) 计算工况A和工况B在时间为1 000 s时的浓度分布。

5-11　某经过整治的河流流量为恒定值1 200 m^3/s，在附近化工厂发生的一次事故期间，有总量为3 600 kg的不可发生化学反应的物质在12 h内泄漏到污水管中，污水经位于河底的中心排放口排入河流。假定河道断面为矩形，水深为5.7 m，宽度为300 m，现欲求泄漏物质云团何时到达事故发生点下游200 km及330 km断面上。

5-12　某宽阔河流中心有一恒定排放的排污口，污水流量为0.2 m^3/s，污水中含难降解污染物，其浓度为100 mg/L，该河流水深为4 m，流速为1.9 m/s，摩阻流速为0.061 m/s。假定污水排出后，河水垂向完全混合。已知横向扩散系数为 $0.4hu_*$，试计算排污口下游400 m处的污染扩展宽度和最大浓度。

5-13　某河流近似为均匀流，河宽 $W=60\ m$，平均水深 $h=3\ m$，流量 $Q=142\ m^3/s$，糙率 $n=0.025$。污水由管道引至河中心排放，横向混合系数 $M_z=0.6hu_*$，当污染带尚未扩展到岸边之前，试求污染带的半带宽($W_p/2$)与纵向距离(从排污口起算)x 的关系。

5-14　习题5-13的条件不变，试问当岸边浓度达到同断面最大浓度的5%时，纵向距离 x 为多少？达到全断面均匀混合时的距离又是多少？在该断面上的浓度是多少？

5-15　习题5-13的条件不变，当注入河流的污水流量 $Q_d=0.156\ m^3/s$，污水浓度 $C_d=220\ mg/L$ 时，试求下游 $x=1\ km$ 处分别离岸30 m，15 m和岸边的浓度。

第六章
射流、羽流及浮射流

§6-1 概　述

射流是指流体从各种形式孔口或喷嘴射入另一种或同一种流体的流动，因此射流具有过流断面周界不与固体边界接触的特点。

射流与管道流动和明渠流动的区别是：管道流周界全部是固体，明渠流除水面外大部分也是固体，而射流除附壁射流外，大多数类型的射流的全部周界都是流体。故射流具有不受固体边界制约的很大的自由度。

许多工程技术领域都有大量射流问题。在环境工程排污、排热、排气的排放出口后近区流动属于射流问题，其流场和浓度场的分析更是直接需要应用射流理论。

6-1-1　射流的一般概念

1. 分类

从不同的角度考虑射流可以分为各种类型。

射流按照流动形态可以分为层流射流与紊流射流，实际中多为紊流射流，它是本章讨论的重点。

按周围环境边界条件分为自由射流和非自由射流。当射入无限空间时为自由射流，射入有限空间时为非自由射流。在有限空间内若射流的部分边界贴附在固体壁上称为贴壁射流，若射流沿下游水体的自由表面射出称表面射流。

按照周围流体的性质划分，若射流射入性质一样的同种流体称为淹没射流，若射入不同性质流体称为非淹没射流。

按射流进入下游环境后使其进一步运动和扩散的动力划分，可分为（动量）射流、（浮力）羽流和浮力射流。动量射流以出流的动量为原动力，动量的作用对以后的运动是主要的。一般等密度的射流属于这种类型，也称为纯射流。浮力羽流以浮力为原动力，如热源上产生的烟气，因这种流动的形状和羽毛相似而得名。浮力的产生来自两种原因。其一，是由于射流流体自身的密度和周围环境的流体密度不同，如密度小的废水泄入含盐量大的海水。其二，是由于温度差引起的浮力，如废热水排入河流、烟囱排入大气的烟流。浮射流的原动力包括出流动量和浮力两方面，如火电站和核电站的冷却水排入河流或湖池中的热水射流，污水排入密度较大的河口、港湾等海水中的污水射流都是属于浮射流。动量射流和羽流都是浮力射流的特殊情形。浮力射流的流动情况和混合效果除取决于初始动量和浮力之外，还与排水口的形状有很大关系。工厂和污水处理厂一般采用圆形管道排放，形成圆形（轴对称）浮力射流，或采用喷嘴（扩散器）排放，形成平面（二维）浮力射流。

本章着重介绍环境为静止的无限空间淹没射流、羽流及浮射流。简要介绍环境为流动状态的射流。

2. 射流问题中常见的几个通量

（1）质量通量

$$\rho Q = \int_A \rho u \mathrm{d}A \tag{6-1}$$

式中，A 为浮力射流的横断面面积；u 为浮力射流轴线上的点时均流速；Q 为浮力射流的流量；ρ 为浮力射流的水密度。

则单位（比）质量通量，即体积流量

$$Q = \int_A u \mathrm{d}A \tag{6-2}$$

（2）动量通量

动量通量为单位时间通过射流横断面的动量。

$$\rho M = \int_A \rho u^2 \mathrm{d}A \tag{6-3}$$

式中 M 为单位（比）动量通量，量纲为$[L^4/T^2]$。

则单位（比）动量通量为

$$M = \int_A u^2 \mathrm{d}A \tag{6-4}$$

（3）浮力通量

浮力通量为单位时间流经浮力射流横断面水体的淹没重量。

$$\rho_a B = \int_A \Delta\rho g u \mathrm{d}A \tag{6-5}$$

浮力的产生是由于密度差 $\Delta\rho$ 的存在。$\Delta\rho = \rho_a - \rho$，$\rho_a$ 为浮力射流周围环境流体的水密度。

则单位(比)浮力通量

$$B=\int_A g\,\frac{\Delta\rho}{\rho_a}u\,\mathrm{d}A \tag{6-6}$$

在本章中,用 Q_0、M_0、B_0 分别代表浮力射流在排污口出口断面的流量、比动量通量和比浮力通量。

6-1-2 紊动射流的特性

1. 紊动射流的形成,卷吸与混合作用

设流体从一狭长的矩形孔口或缝隙射出,射流下游为无限空间同种静止液体。其过程描述如下。"卷吸"现象:射流初始速度为 u_0,与周围静止液体之间形成了速度不连续的间断面,它是不稳定的,必定会发生波动,并发展成旋涡,从而引起紊动。这样就会把原来周围处于静止状态的液体卷吸到射流里去,这就是所谓的"卷吸"。由于紊动发展,被卷吸并与射流一起运动的液体不断增多,相应产生了对射流的阻力,使射流的边缘部分流速降低,不可能保持原来的初始流速。射流与周围液体的掺混从边缘地区逐渐向中心发展,经过一定距离发展到射流中心,从此以后射流的全断面上都发展为紊流。卷吸与混合作用的结果,射流断面不断扩大,流速则不断降低,流程沿程增加。

2. 紊动射流的分区结构

中心部分未受掺混影响,仍保持原出口流速 u_0 的区域称为核心区。从喷口边界开始向内外扩展的掺混区称为紊流边界层混合区。在混合区中形成一定的流速梯度,出现剪切应力,故也称剪切层。从出口至核心区末端之间的这一段称为射流的初始段或发展段。紊流充分发展以后的射流称为主体段或基本段。在主体段与起始段之间有一个很短的过渡段,过渡段较短,常常忽略,只将射流分为起始段和主体段。如图 6-1 所示。

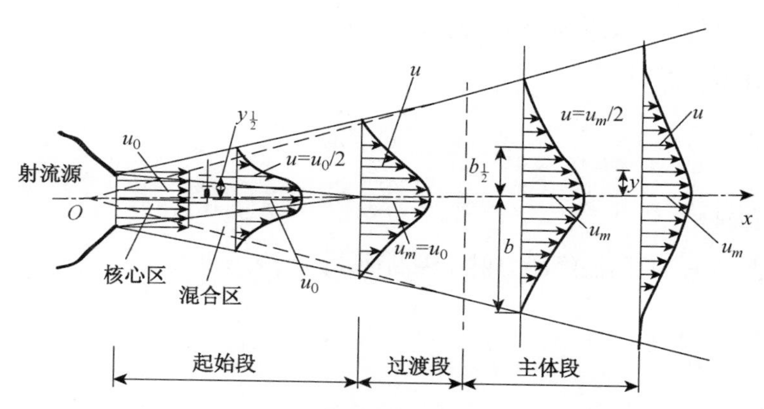

图 6-1 紊动射流的分区

3. 纵向流速分布的相似性

前人的大量分析和实验表明，在射流的主体段，各断面的纵向流速分布有明显的相似性。

图 6-2(a)为平面紊动自由射流中不同断面流速分布图，各个断面流速分布显示出相似性质，中心轴上流速最大，距中心愈远流速愈小。若将流速 u 和断面上横向坐标 y 分别以无量纲坐标$\frac{u}{u_m}$和$\frac{y}{b'}$来表示，则所有断面上无量纲流速分布均落在同一条曲线上如(b)所示。u 表示任意断面上距中心线为 y 处流速，u_m 为该断面中心点上流速，b' 为特征半厚度，这里选取它等于断面上流速为$\frac{1}{2}u_m$ 的地方距中心轴的距离，因为射流的半厚度 b 在实验中不易精确测定，所以用 b' 来表示。

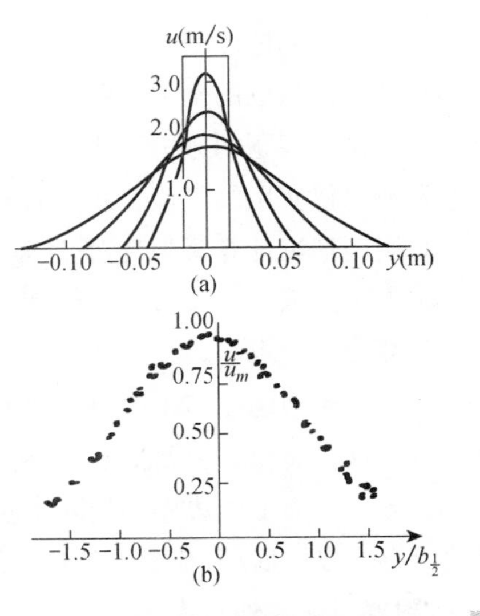

图 6-2　平面射流主体段的流速分布

前人的研究还表明，在流动环境中的射流，断面流速分布也具有相似性。

4. 射流的紊流边界层混合区的混合层厚度随距离发展呈线性增加

若将主体段射流的上、下边界线延长，交汇于 O 点，O 点称为射流的“源点”，根据厚度线性增长的规律，则有

$$\frac{b}{x}\tan\theta = 常数 \tag{6-7}$$

式中 θ 为射流边界线与中心线夹角。初始段边界的发展亦为直线，但扩散角与主体段不同。

射流的边界为直线扩展，这仅仅是宏观的概念。由于紊动作用在边界面附近表现得很激烈，从实验观察到边界线不是一条光滑笔直的直线，而是锯齿形线。

5. 自由紊动射流中的动水压强服从静水压强分布规律

这一特性带有假定性质，但误差不大。根据这一特性，射流中压强沿 x 方向(与重力垂直方向)没有变化，即$\frac{\partial p}{\partial x}=0$，既然在 x 方向没有压差存在，在 x 方向必定保持动量守恒。按动量定律可得沿射流各断面动量通量守恒的结论，按照单位宽度考虑，这个关系可以写成$\int_M u\,\frac{\mathrm{d}m}{\mathrm{d}t}=\int_A u^2\rho\mathrm{d}A=\int_{-\infty}^{\infty}\rho u^2\mathrm{d}y$ 。

6-1-3　射流问题的分析途径

紊动射流问题的研究，其目的主要在于确定射流轴线的轨迹，射流扩展的范围和射流中流速的分布，对于变密度、非等温和挟带污染物质的射流则还有密度分布、温度分布和

挟带物质的浓度分布。流速分布是个矢量场的确定问题，密度分布、温度分布和浓度分布则属于标量场的确定问题。

这类问题的分析目前主要有两种途径。一个是以实验为主，采用量纲分析整理实验资料求得实用的经验关系式的方法。这个方法虽然偏经验，但对于复杂的射流问题，目前难以用理论计算解决时，它还是一个重要的途径。二是以理论分析为主，有两种方法，一种方法是求解射流边界层偏微分方程；另一种方法是采用动量积分法将偏微分方程变为常微分方程求解。

射流问题能够用边界层理论的原因是由于射流的纵向尺度远大于其横向尺度，因此可以这样简化。但要指出，射流边界层是由两部分流速不等的流体的交界面发展而来的，和固体壁面上的边界层受固体壁面阻滞所产生者不同，后者的发展受壁面的限制，紧靠壁面存在黏性底层；前者可以自由发展，没有黏性底层，射流的全部流动区域都为自由紊流（附壁射流除外）。

用动量积分法求解射流问题是工程中常用的方法。计算射流动量通量沿流程的变化要求给出断面上的速度分布，这就要假定各断面上的流速分布具有相似性（相似性假定），这一假定是有其合理性的，且已经得到许多实验的证实。在此基础上可由实验或结合一些理论分析定出断面上流速分布的模式。此外对射流的边界条件要作相应的假定，它可以是对射流的厚度变化作线性扩展的假定，也可以是对射流从侧边卷吸周围流体的流量或流速作出一个卷吸假定等。

浮力射流问题的研究虽然已取得大量成果，但是对于较复杂的浮力射流研究仍未成熟，有许多问题尚未解决，国内外关于这方面的研究仍然是比较活跃的。

§6-2　平面淹没紊动射流

从狭长的缝隙或孔口喷出的射流可按平面问题来分析。一般当出口 $Re=\frac{2b_0u_0}{v}>30$ 时可认为射流是紊动的。u_0 为射流喷口处流速，b_0 为矩形孔口的半高。

1. 主体段的计算

（1）流速分布

假定射流是沿水平方向出射，射流任意断面上单位宽度沿 x 方向的动量应为

$$M=\int_M=u\mathrm{d}m=\int_{-\infty}^{\infty}\rho u^2\mathrm{d}y$$

一般出口断面的动量通量是已知的，其单宽值为 $M_0=2\rho u_0^2b_0$

因为沿 x 方向动量守恒，故

$$\int_{-\infty}^{\infty} \rho u^2 \mathrm{d}y = 2\rho u_0^2 b_0 \tag{6-8}$$

因断面流速分布相似性，则

$$\left(\frac{u}{u_m}\right) = f\left(\frac{y}{b}\right)$$

其中 b 为射流的特征半厚度，它可以视计算的方便来加以选择。

大多数学者根据试验资料分析，建议断面流速分布采用高斯正态分布，即

$$u = u_m \exp\left(-\frac{y^2}{b^2}\right) \tag{6-9}$$

这个特征半厚度 b 常取流速等于轴线最大流速 u_m 的规定比值（如 1/2，1/e 等）处的 y 值为标准，图 6-3 中，当 $y=b$ 时，$\frac{u}{u_m}=e^{-1}=\frac{1}{e}$，$u=\frac{u_m}{e}=0.368u_m$。

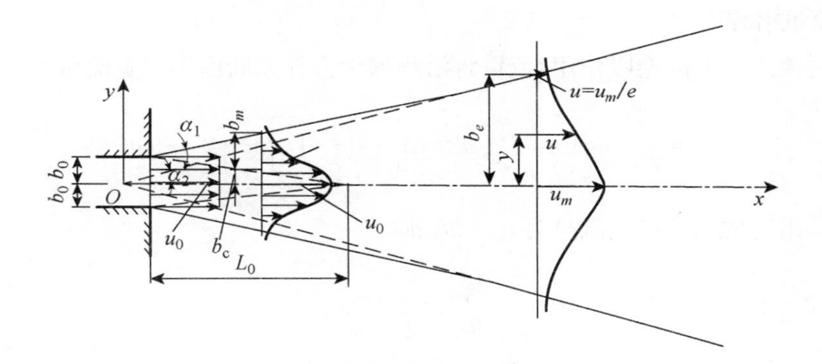

图 6-3　平面淹没紊动射流流速分布图

将式(6-9)代入式(6-8)，得

$$\begin{aligned}\int_{-\infty}^{\infty} \rho u^2 \mathrm{d}y &= 2\rho\int_0^{\infty} u_m^2\left[\exp\left(-\frac{y^2}{b_e^2}\right)\right]^2 \mathrm{d}y \\ &= 2\rho u_m^2\int_0^{\infty} \exp\left(-\frac{2y^2}{b_e^2}\right)\mathrm{d}y \\ &= 2\rho u_m^2 \frac{b_e}{\sqrt{2}}\int_0^{\infty} \exp\left(-\frac{2y^2}{b_e^2}\right)\mathrm{d}\frac{\sqrt{2}y}{b_e} \\ &= \sqrt{\frac{\pi}{2}}\rho u_m^2 b_e\end{aligned}$$

故有，$\sqrt{\frac{\pi}{2}}u_m^2 b_e = 2u_0^2 b_0$ 或 $\frac{b_e}{b_0}=\frac{2u_0^2}{\sqrt{\frac{\pi}{2}}u_m^2}$。从实验得知射流厚度基本上是线性扩展的，

可设

$b_e=\varepsilon x$，得

$$\frac{u_m}{u_0}=\left(\sqrt{\frac{2}{\pi}}\frac{1}{\varepsilon}\right)^{\frac{1}{2}}\left(\frac{2b_0}{x}\right)^{\frac{1}{2}} \tag{6-10}$$

根据阿尔伯逊(Albertson)等人的实验，$\varepsilon=0.154$，故

$$u_m=2.28\sqrt{\frac{2b_0}{x}}u_0 \tag{6-11}$$

可见 u_m 和距源点的距离 x 的平方根成反比。

任意断面任意点上流速：

$$u_m=2.28\sqrt{\frac{2b_0}{x}}u_0\exp\left[-\left(\frac{y}{b_e}\right)^2\right] \tag{6-12}$$

(2) 流量沿程变化

由于射流边界上的卷吸作用，流量将沿程增大。任意断面上单宽流量

$$q=\int_{-\infty}^{\infty}u\mathrm{d}y=2\int_0^{\infty}u_m\exp\left[-\left(\frac{y}{b_e}\right)^2\right]\mathrm{d}y=\sqrt{\pi}b_eu_m$$

令孔口出射的初始单宽流量为 $q_0=2b_0u_0$，

$$\frac{q}{q_0}=\frac{\sqrt{\pi}}{2}\frac{b_e}{b_0}\frac{u_m}{u_0},$$

将 $\frac{b_e}{b_0}=\frac{2u_0^2}{\sqrt{\frac{\pi}{2}}u_m^2}$，$\frac{u_m}{u_0}=2.28\sqrt{\frac{2b_0}{x}}$ 代入上式，得

则 $\frac{q}{q_0}=\frac{\sqrt{\pi}}{2}\frac{2u_0^2}{\sqrt{\frac{\pi}{2}}u_m^2}\frac{u_m}{u_0}=\sqrt{2}\left(\frac{u_0}{u_m}\right)$，将式(6-10)代入，得

$$\frac{q}{q_0}=(\sqrt{2\pi}\varepsilon)^{\frac{1}{2}}\sqrt{\frac{x}{2b_0}}=0.62\sqrt{\frac{x}{2b_0}} \tag{6-13}$$

可见流量是和 x 的平方根成正比的，当射流为含有某种物质的废水，$\frac{q}{q_0}$ 则为任意断面上废水的平均稀释度。

射流单宽流量沿程的增加率 $\frac{\mathrm{d}q}{\mathrm{d}x}$，

由式(6-13)，得

$$\frac{\mathrm{d}q}{\mathrm{d}x}=q_0(\sqrt{2\pi}\varepsilon)^{\frac{1}{2}}\left(\frac{1}{2b_0}\right)^{\frac{1}{2}}\frac{\mathrm{d}(x^{\frac{1}{2}})}{\mathrm{d}x}$$

$$=2b_0u_0(\sqrt{2\pi}\varepsilon)^{\frac{1}{2}}\left(\frac{1}{2b_0}\right)^{\frac{1}{2}}\frac{1}{2}\frac{1}{x^{\frac{1}{2}}}$$

$$=\frac{1}{2}(\sqrt{2\pi}\varepsilon)^{\frac{1}{2}}\left(\frac{2b_0}{x}\right)^{\frac{1}{2}}u_0$$

或由式(6-10)，得

$$\frac{\mathrm{d}q}{\mathrm{d}x}=\frac{\sqrt{\pi}\,\varepsilon}{2}u_m \tag{6-14}$$

若射流为不可压缩流体，按照连续性原理，在 $\mathrm{d}x$ 流段内流量的增加，应该和从正交于射流轴线方向卷吸的流量相等，设想两侧的卷吸流速为 v_e，则单宽卷吸流量为 $2v_e\mathrm{d}x$，

$$\mathrm{d}q=2v_e\mathrm{d}x$$

$$2v_e=\frac{\mathrm{d}q}{\mathrm{d}x}=\frac{\sqrt{\pi}\varepsilon}{2}u_m$$

令

$$v_e=\alpha u_m \tag{6-15}$$

式中，α 为卷吸系数，平面射流时 $\alpha=\frac{\sqrt{\pi}}{4}\varepsilon$，$\varepsilon=0.154$，$\alpha=0.069$

(3) 示踪物质浓度分布

当射流含有某种物质，令含有物引起的射流密度的变化可以忽略不计，浓度分布对流场分布不发生影响，可以将浓度分布和流速分布分开独立计算。

试验表明，在射流的主体段示踪物浓度在断面上的分布也存在相似性，在背景浓度为零的静止环境下，流速分布和浓度关系如下：

$$\frac{C}{C_m}=\left(\frac{u}{u_m}\right)^{\frac{1}{2}}=\exp\left(-\frac{y^2}{b_e^2}\right)^{\frac{1}{2}}=\exp\left(-\frac{y^2}{2b_e^2}\right)=\exp\left[-\frac{y^2}{(\lambda b_e)^2}\right]$$

$$C=C_m\exp\left[-\frac{y^2}{(\lambda b_e)^2}\right]\quad(\lambda>1,\lambda=1.414) \tag{6-16}$$

根据质量守恒原理：射流任意断面上含有物质量保持守恒，即 $\mathrm{d}t$ 时段内通过任意断面上的污染物质量等于初始断面通过的污染物质量，则有

$$\int_{-\infty}^{\infty}Cu\mathrm{d}y=2C_0u_0b_0$$

$$\int_{-\infty}^{\infty} Cu\,\mathrm{d}y = 2\int_0^{\infty} C_m \exp\left[-\left(\frac{y}{\lambda b_e}\right)^2\right] u_m \exp\left[-\left(\frac{y}{b_e}\right)^2\right]\mathrm{d}y$$

$$= 2C_m u_m \int_0^{\infty} \exp\left[-\left(\frac{1}{\lambda^2}+1\right)\left(\frac{y}{b_e}\right)^2\right]\mathrm{d}y$$

$$= \frac{2b_e}{\sqrt{\frac{1+\lambda^2}{\lambda^2}}} C_m u_m \int_0^{\infty} \exp\left[-\left(\sqrt{\frac{1+\lambda^2}{\lambda^2}}\frac{y}{b_e}\right)^2\right]\mathrm{d}\left(\sqrt{\frac{1+\lambda^2}{\lambda^2}}\frac{y}{b_e}\right)$$

$$= \sqrt{\frac{\pi\lambda^2}{1+\lambda^2}} C_m u_m b_e$$

则有

$$\sqrt{\frac{\pi\lambda^2}{1+\lambda^2}} C_m u_m b_e = 2C_0 u_0 b_0 \tag{6-17}$$

令 $b_e = \varepsilon x$，则

$$\frac{C_m}{C_0} = \frac{2u_0 b_0}{\sqrt{\frac{\pi\lambda^2}{1+\lambda^2}} u_m \varepsilon x} = \frac{2b_0}{\sqrt{\frac{\pi\lambda^2}{1+\lambda^2}}\left(\sqrt{\frac{2}{\pi}}\frac{1}{\varepsilon}\right)^{\frac{1}{2}}\left(\frac{2b_0}{x}\right)^{\frac{1}{2}}\varepsilon x} = \left[\frac{1+\lambda^2}{\lambda^2\varepsilon\sqrt{2\pi}}\right]^{\frac{1}{2}}\left(\frac{2b_0}{x}\right)^{\frac{1}{2}}$$

$$= 2.34\left(\frac{2b_0}{x}\right)^{\frac{1}{2}} \tag{6-18}$$

可见$\frac{C_m}{C_0}$与 $x^{\frac{1}{2}}$ 成反比。

任意断面上任意点上浓度

$$C = C_m\left(\frac{u}{u_m}\right)^{\frac{1}{2}} = 2.34C_0\left(\frac{2b_0}{x}\right)^{\frac{1}{2}}\left[\exp\left(-\frac{y^2}{b_e^2}\right)\right]^{\frac{1}{2}} \tag{6-19}$$

2. 关于初始段

初始段包括势流核心区和边界层混合区两部分，主要是确定混合区的内、外边界以及其流速分布问题。

对于出口流速均匀分布的平面淹没紊动射流，实验得出，混合区的边界扩散角 $\alpha_1 = 5°$，外边界扩散角 $\alpha_2 = 10°$。

(1) 初始段长度

利用 $u_m = 2.28\sqrt{\frac{2b_0}{x}}u_0$，令 $u_m = u_0$，则

$$l_0 = 5.2\times(2b_0) = 10.4b_0 \tag{6-20}$$

(2) 流速分布

核心区保持初始流速 u_0，且均匀分布。混合区的流速分布也具有相似性，采用高斯

分布，分布函数为

$$u = u_0 \exp\left[-\left(\frac{y-b_c}{b_m}\right)^2\right] \tag{6-21}$$

式中，b_m 为势流核心区的半厚度；b_c 为混合区的厚度；

(3) 混合区内浓度分布

$$C = C_0 \exp\left[-\left(\frac{y-b_c}{\lambda b_m}\right)^2\right] \tag{6-22}$$

§6-3　圆形淹没紊动射流

圆形喷口在实际问题中极为常见，设所考虑的情况仍然是下游环境为无限空间同种静止液体(图 6-4)。

1. 主体段的计算

(1) 流速分布

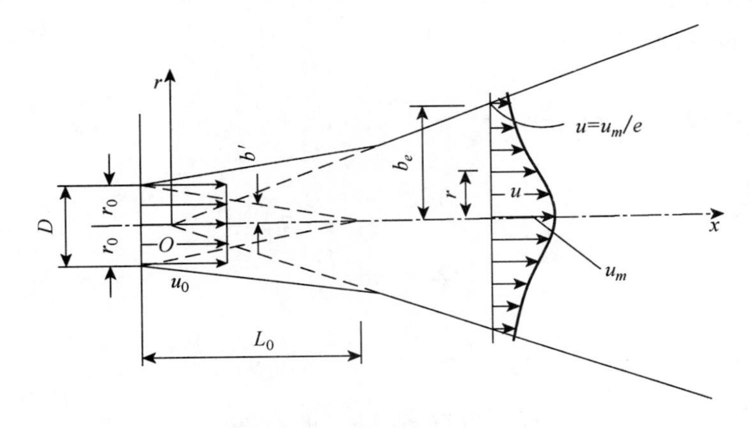

图 6-4　圆形淹没紊动射流

与平面淹没射流一样，射流各断面动量通量守恒，都等于出口断面的动量通量，即

$$\rho M = \int_0^\infty \rho u^2 \mathrm{d}A = \int_0^\infty \rho u^2 2\pi r \mathrm{d}r = \rho u_0^2 \pi r_0^2 \tag{6-23}$$

式中，u_0、r_0 分别是出口断面的流速和半径。同样，根据紊动射流流速分布的相似性得到

$$\frac{u}{u_m} = f\left(\frac{r}{b_e}\right) = \exp\left(-\frac{r^2}{b_e^2}\right) \tag{6-24}$$

式中，r 为径向坐标，b_e 为特征半厚度，代入式(6-23)，可得

$$\int_0^{\infty} \rho u^2 2\pi r \mathrm{d}r = 2\rho\pi u_m^2 \int_0^{\infty} \exp\left(-\frac{2r^2}{b_e^2}\right) r \mathrm{d}r = \frac{\rho\pi}{2} u_m^2 b_e^2 \tag{6-25}$$

考虑到式(6-23)，并将射流的线性扩展关系式 $b_e = \varepsilon x$ 代入上式得到

$$\frac{u_m}{u_0} = \frac{1}{\sqrt{2}\varepsilon}\left(\frac{D}{x}\right) \tag{6-26}$$

式中，D 为圆形断面射流的出口直径，根据阿尔伯逊等人的实验结果，取 $\varepsilon = 0.114$，得

$$u_m = 6.2 u_0 \frac{D}{x} \tag{6-27}$$

将式(6-27)代入式(6-24)，得到

$$u = 6.2 u_0 \frac{D}{x} \exp\left(-\frac{r^2}{b_e^2}\right) \tag{6-28}$$

(2) 流量沿程分布

射流任意断面的流量

$$Q = \int_0^{\infty} u \cdot 2\pi r \mathrm{d}r = 2\pi \int_0^{\infty} u_m \cdot \exp\left(-\frac{r^2}{b_e^2}\right) r \mathrm{d}r = \pi u_m b_e^2 \tag{6-29}$$

出口流量

$$Q_0 = \pi u_0 \frac{D^2}{4}$$

则流量比为

$$\frac{Q}{Q_0} = \frac{\pi u_m b_e^2}{\pi u_0 D^2/4} = \frac{4\varepsilon^2 x^2}{D^2} \frac{u_m}{u_0} \tag{6-30}$$

$\frac{Q}{Q_0}$ 也是示踪物质的断面平均稀释度，将式(6-27)和 $\varepsilon = 0.114$ 代入上式，得到

$$\bar{S} = \frac{Q}{Q_0} = 0.32 \frac{x}{D} \tag{6-31}$$

(3) 示踪物质浓度分布

浓度分布亦采用高斯正态分布

$$C = C_m \exp\left[-\left(\frac{r}{\lambda b_e}\right)^2\right] \tag{6-32}$$

射流任意断面上示踪物质应当守恒，故

$$\int_0^{\infty} Cu2\pi r\mathrm{d}r = C_0 u_0 \frac{\pi D^2}{4} \tag{6-33}$$

$$\int_0^{\infty} Cu2\pi r\mathrm{d}r = 2\pi\int_0^{\infty} C_m \exp\left[-\left(\frac{r}{\lambda b_e}\right)^2\right] u_m \exp\left(-\frac{r^2}{b_e^2}\right)\frac{1}{2}\mathrm{d}(r^2) = \pi C_m u_m \frac{\lambda^2 b_e^2}{1+\lambda^2}$$

代入式(6-33)得到

$$\frac{C_m}{C_0} = \frac{u_0}{u_m}\frac{1+\lambda^2}{\lambda^2 b_e^2}\frac{D^2}{4} \tag{6-34}$$

取 $\lambda=1.12$，$b_e=0.114x$，$\frac{u_m}{u_0} = 6.2\frac{D}{x}$

则式(6-34)变为

$$\frac{C_m}{C_0} = 5.59\frac{D}{x} \tag{6-35}$$

则轴线稀释度

$$S_m = \frac{C_0}{C_m} = 0.18\frac{x}{d} \tag{6-36}$$

表 6-1 即静止环境中淹没紊动圆形射流及二维射流有关主要特性，以便对照比较。

表 6-1　静止均质环境中淹没紊动射流主要特性表

参数	二维(平面)射流	轴对称(圆形)射流
断面最大流速 u_m	$\frac{u_m}{u_0} = 2.28\left(\frac{x}{B}\right)^{-\frac{1}{2}}$	$\frac{u_m}{u_0} = 6.2\frac{D}{x}$
断面最大浓度 C_m	$\frac{C_m}{C_0} = 2.34\left(\frac{x}{B}\right)^{-\frac{1}{2}}$	$\frac{C_m}{C_0} = 5.59\frac{D}{x}$
射流半厚度 b	$b = 0.154x$	$b = 0.114x$
轴线稀释度	$S_m = \frac{C_0}{C_m} = 0.43\left(\frac{x}{B}\right)^{\frac{1}{2}}$	$S_m = \frac{C_0}{C_m} = 0.18\frac{x}{D}$
断面平均稀释度	$\bar{S} = \frac{Q}{Q_0} = 0.62\left(\frac{x}{B}\right)^{\frac{1}{2}}$	$\bar{S} = \frac{Q}{Q_0} = 0.32\frac{x}{D}$
扩展系数 ε	$\varepsilon = 0.154$	$\varepsilon = 0.114$
浓度分布与速度分布宽度比 λ	$\lambda = 1.41$	$\lambda = 1.12$

续表 6-1

参数	二维(平面)射流	轴对称(圆形)射流
卷吸系数 α	$\alpha = 0.069$	$\alpha = 0.056$
断面速度分布	$u(x,y) = u_m \exp\left(-\frac{y^2}{b^2}\right)$	$u(x,r) = u_m \exp\left(-\frac{r^2}{b^2}\right)$
断面浓度分布	$C(x,y) = C_m \exp\left(-\frac{y^2}{\lambda^2 b^2}\right)$	$C(x,r) = C_m \exp\left(-\frac{r^2}{\lambda^2 b^2}\right)$

2. 关于初始段

(1) 初始段长度

利用 $u_m = 6.2u_0 \dfrac{D}{x}$,令 $u_m = u_0$,则

$$l_0 = 6.2D \tag{6-37}$$

(2) 流速分布

分布函数为

$$u = u_0 \exp\left[-\left(\frac{y - b_c}{b_m}\right)^2\right] \tag{6-38}$$

式中,b_m 为势流核心区的半厚度;b_c 为混合区的厚度。

(3) 混合区内浓度分布

$$C = C_0 \exp\left[-\left(\frac{y - b_c}{\lambda b_m}\right)^2\right] \tag{6-39}$$

例 6-1 某排污管将生活污水排至湖泊,污水出流方向垂直向上,初始出射流速 $u_0 =$ 4 m/s,出口平面位于湖下 24 m,排泄污水浓度为 1 200 ppm,设污水与湖水密度基本相同,试求下列两种情况下到达湖面时的最大流速、最大浓度及平均稀释度。

(1) 排污口为狭长矩形,孔宽 0.2 m;

(2) 排污口为圆形喷口,直径 D=0.2 m。

解:

(1) 可按二维(平面)淹没紊动射流计算。

初始段长度

$l_0 = 10.4b_0 = 10.4 \times 0.1 = 1.04$ m, $x = 24$ m>1.04 m,处于主体段。

到达湖面时的$\dfrac{x}{B} = \dfrac{24}{0.2} = 120$

到达湖面时的最大流速 $\dfrac{u_m}{u_0} = 2.28\left(\dfrac{x}{B}\right)^{-\frac{1}{2}}$,

$$u_m=2.28\times(120)^{-\frac{1}{2}}\times 4=0.83\ \text{m/s}$$

到达湖面时的最大浓度 $\frac{C_m}{C_0}=2.34\left(\frac{x}{B}\right)^{-\frac{1}{2}}$

$$C_m=2.34\times(120)^{-\frac{1}{2}}\times 1\,200=256\ \text{ppm}$$

到达湖面时的平均稀释度

$$\bar{S}=0.62\left(\frac{x}{B}\right)^{\frac{1}{2}}=0.62\times 120^{\frac{1}{2}}=6.8$$

(2) 可按轴对称(圆形)淹没紊动射流计算。

初始段长度

$l_0=6.2d=6.2\times 0.2=1.24\ \text{m}$, $x=24\ \text{m}>1.24\ \text{m}$,处于主体段。

到达湖面时的 $\frac{x}{D}=\frac{24}{0.2}=120$

到达湖面时的最大流速

$$\frac{u_m}{u_0}=6.2\frac{D}{x}$$

$$u_m=6.2\times\frac{1}{120}\times 4=0.21\ \text{m/s}$$

到达湖面时的最大浓度 $\frac{C_m}{C_0}=5.59\frac{D}{x}$

$$C_m=5.59\times\frac{1}{120}\times 1\,200=55.9\ \text{ppm}$$

到达湖面时的平均稀释度

$$\bar{S}=0.32\frac{x}{D}=0.32\times 120=38.4$$

由此可知,圆形喷口比宽度与圆管直径相同的狭长喷口混合和稀释效率要高,这是由于圆形射流紊动卷吸作用更强的缘故。

例 6-2 一圆形淹没射流射入密度相同的无限静止水体中,出口直径 $D=0.6\ \text{m}$,$u_0=3\ \text{m/s}$,出口处示踪剂浓度为 C_0,示踪剂比重与流体相同,若已知该射流具有下列特征:$\frac{u_m}{u_0}=6.2\frac{D}{x}$,$\frac{C_m}{C_0}=5.59\frac{D}{x}$,$\lambda=1.12$,$\varepsilon=0.114$。试求距喷口距离 $x=7.5\ \text{m}$ 断面上从中心线到 $r=0.6\ \text{m}$ 范围内所包含示踪剂通量占整个示踪剂通量的百分比是多少?

解:初始段长度

$$l_0=6.2D=6.2\times 0.6=3.72\ \text{m},\ x=7.5\ \text{m}>3.72\ \text{m},$$

处于主体段。

(1) 确定 $x=7.5$ m 断面上流速分布

$x=7.5$ m 断面上流速分布为 $u=u_m\exp(-\frac{r^2}{b_e^2})$，已知

$$u_m=6.2u_0\frac{D}{x}$$

$$b_e=\varepsilon x=0.114x$$

故

$$u=u_m\exp\left[-\left(\frac{r}{0.114x}\right)^2\right]=6.2u_0\frac{D}{x}\exp\left[-\left(\frac{r}{0.114x}\right)^2\right]$$

将 $x=7.5$ m，$D=0.6$ m 代入可得

$$u=1.488\exp(-1.368r^2)$$

(2) 确定 $x=7.5$ m 断面上浓度分布

$x=7.5$ m 断面上浓度分布为

$$C=C_m\exp\left[-\frac{r^2}{(\lambda b_e)^2}\right]$$

已知

$$C_m=5.6C_0\frac{D}{x}$$

$$\lambda=1.12$$

故

$$C=5.6C_0\frac{D}{x}\exp\left[-\frac{r^2}{(1.12\times 0.114x)^2}\right]$$

将 $x=7.5$ m，$D=0.6$ m 代入可得

$$C=0.448C_0\exp(-1.09r^2)$$

(3) 求 $r=0.6$ m 范围内所含示踪剂通量

$$M=\int_0^{0.6}u\,C2\pi r\mathrm{d}r$$

$$=2\pi\int_0^{0.6}1.488\times 0.488C_0\exp(-2.459r^2)r\mathrm{d}r$$

$$=4.563C_0\int_0^{0.6}\exp(-2.459r^2)r\mathrm{d}r=0.545C_0$$

(4) $r=0.6$ m 范围内所含示踪剂通量所占百分比为

$$\frac{M}{M_0}=\frac{0.545C_0}{\frac{\pi}{4}D^2u_0C_0}=\frac{0.545}{\frac{\pi}{4}\times0.6^2\times3}=0.64=64\%$$

例 6-3　一直径为 $D=60$ cm 的管道出口淹没于水下，沿水平方向将废水泄入相同密度清洁水中，泄水流量 $Q=0.5\ \mathrm{m^3/s}$，试计算并点汇距出口 $x=10$ m 断面上流速分布。

解：出口流速 $u_0=\frac{Q}{A}=\frac{0.5}{\frac{\pi}{4}D^2}=1.768$ m/s

初始段长度

$$l_0=6.2D=6.2\times0.6=3.72\ \mathrm{m},\ x=10\ \mathrm{m}>3.72\ \mathrm{m},$$

处于主体段。

轴心流速分布公式采用 $u_m=6.2u_0\frac{D}{x}$

距出口 10 m 断面上轴心流速

$$u_m=6.2u_0\frac{D}{x}=6.2\times1.768\times\frac{0.6}{10}=0.668\ \mathrm{m/s}$$

断面流速分布公式采用 $u=u_m\exp\left(-\frac{r^2}{b_e^2}\right)$，由于 $b_e=0.1x=1$ m，故 $u=u_m\exp(-r^2)$

当 $r=0.5$ m 时，$u=0.668\exp(-0.25)=0.52$ m/s

当 $r=1$ m 时，$u=0.668\exp(-1)=0.25$ m/s

当 $r=1.5$ m 时，$u=0.668\exp(-1.5^2)=0.07$ m/s

当 $r=2.0$ m 时，$u=0.668\exp(-2^2)=0.012$ m/s

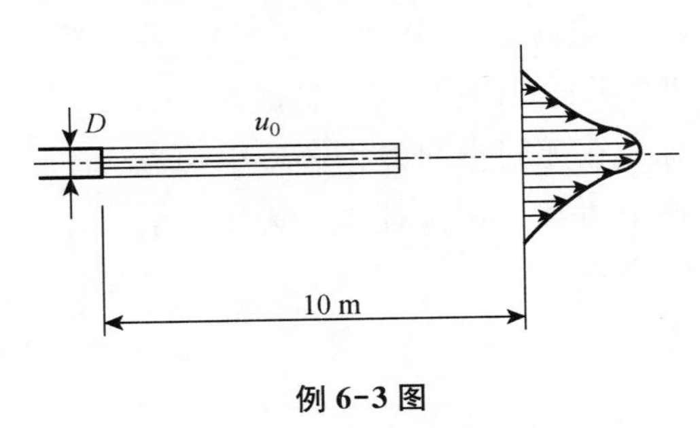

例 6-3 图

§6-4　静止液体中的浮力羽流

浮力羽流是由于射流与周围环境流体之间存在密度差，使从喷口出来的射流受到浮力的作用，并且因为射流的初始动量很小，主要在浮力作用下继续流动和扩散，所以羽流是一种特殊条件下的射流。实际问题中最常见的是从热源发生的气流，气体受热膨胀，密度减小，相对于周围大气来说出现密度差，由于浮力作用上升，如香烟的烟气和火焰上的气流等。受浮力作用的流动不限于气体，电厂排出的热水在河、湖冷水中的流动，淡水在海水中的流动等，也因存在密度差而受到浮力的作用。

羽流在继续运行和扩散过程中，由于紊动而发生对周围液体的卷吸作用。密度不仅沿程变化，在同一横断面内分布也不均匀，所以羽流是变密度射流中的一种。对变密度射流，一个重要的特征数就是密度佛汝德数

$$F=\frac{u}{\sqrt{\frac{\rho_a-\rho}{\rho}gL}} \tag{6-37}$$

式中，u 为射流的特征流速；L 为特征长度，对于平面射流，L 等于射流厚度 $2b$，对于圆形射流，L 等于射流直径 d；ρ 为射流密度；ρ_a 为环境流体密度；F 为反映射流的惯性力与浮力之比。

当 F 很大时，表明射流是由动量起支配作用；F 很小时，则是由浮力起支配作用。若以 F_0代表射流出口处密度佛汝德数，当 $F_0\to 0$ 时属于浮力羽流；若 $F_0\to\infty$，浮力作用趋近于零，为纯射流；若 F_0处于两者之间则为浮射流。

1、点源羽流的基本方程式

现讨论一种简化模式：认为羽流的源是出自一点，周围环境为无限空间静止流体，由于铅垂方向的浮力作用而形成了流体的上升运动。由于紊动作用，不断卷吸周围液体，羽流断面逐渐扩大。因为周围液体阻力，在横断面上流速分布不均匀，沿轴心线上流速最大，然后向边缘部分逐渐减小(如图 6-5 所示)。若将坐标轴 x 沿铅垂方向设置并通过源点，与 x 轴成垂直的水平面上取 r 为径向坐标。在无限空间静止环境中羽流具有轴对称性质。运动微分方程采用圆柱坐标表示。羽流运动方程将遵循以下方程式：

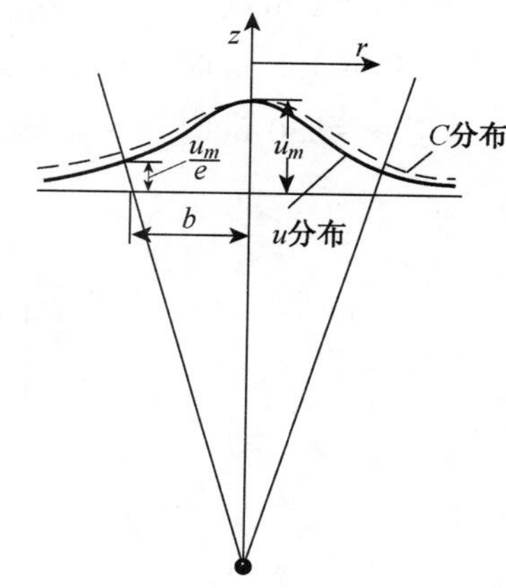

图 6-5　点源浮羽流

(1) 连续性微分方程

$$\frac{\partial u}{\partial x}+\frac{1}{r}\frac{\partial}{\partial r}(rv)=0 \tag{6-38}$$

(2) 运动方程

流动在径向尺度比 x 方向尺度小得多，在分析中也可以采用边界层的分析方法，不可压缩流体紊流边界层微分方程是由紊流的雷诺方程式简化得出的。同时考虑质量力只有重力，忽略黏性阻力只保留紊动阻力(雷诺应力项)，则有

$$u\frac{\partial u}{\partial x}+v\frac{\partial u}{\partial r}=-g-\frac{1}{\rho}\frac{\partial p}{\partial x}-\frac{1}{r}\frac{\partial}{\partial r}\left(r\,\overline{u'v'}\right) \tag{6-39}$$

设周围流体压强分布在垂向为静压分布，$\frac{\partial p}{\partial x}=-\rho_a g$，

则

$$-g-\frac{1}{\rho}\frac{\partial p}{\partial x}=-g\left(\frac{\rho-\rho_a}{\rho}\right) \tag{6-40}$$

式中，ρ_a 为周围流体密度。

若以可压缩流动来处理变密度射流很复杂。一般在密度差不大的情况下，采用鲍辛尼斯克近似。即密度变化的作用只在重力（带 g 的重力项）上保留，在其他各项（如惯性力项，黏滞力项等）都把密度当做常数（视为和周围流体密度一样）。则$\frac{1}{\rho}\frac{\partial p}{\partial x}$分母中的 ρ 可用 ρ_a 代替，式(6－38)变为

$$u\frac{\partial u}{\partial x}+v\frac{\partial u}{\partial r}=-\frac{\rho-\rho_a}{\rho_a}g-\frac{1}{r}\frac{\partial}{\partial r}\left(r\,\overline{u'v'}\right) \tag{6-41}$$

(3) 含有物质量守恒

用 C 表示浮羽流中含有物的浓度，写出圆柱坐标下定常紊流中的扩散关系式

$$u\frac{\partial C}{\partial x}+v\frac{\partial C}{\partial r}=-\frac{1}{r}\frac{\partial}{\partial r}\left(r\,\overline{u'C'}\right) \tag{6-42}$$

上式亦可写成用浓度差表示，ΔC 为与周围液体浓度之差，则

$$u\frac{\partial \Delta C}{\partial x}+v\frac{\partial \Delta C}{\partial r}=-\frac{1}{r}\frac{\partial}{\partial r}\left(r\,\overline{u'\Delta C'}\right) \tag{6-43}$$

对于热量守恒，ΔT 为与周围液体温度之差，则

$$u\frac{\partial \Delta T}{\partial x}+v\frac{\partial \Delta T}{\partial r}=-\frac{1}{r}\frac{\partial}{\partial r}\left(r\,\overline{u'\Delta T'}\right) \tag{6-44}$$

(4) 状态方程

流体的密度与温度、含盐度之间关系可表达为

$$\rho=\rho_a+\frac{\partial\rho}{\partial T}(T-T_a)+\frac{\partial\rho}{\partial S}(S-S_a) \tag{6-45}$$

式中 T 为温度，S 为含盐度，T_a、S_a 分别为周围液体的温度与含盐度。若羽流是由温度源所引起的，则状态方程为

$$\rho=\rho_a+\frac{\partial\rho}{\partial T}(T-T_a) \tag{6-46}$$

当温度差 $T-T_a=\Delta T$ 不大时，可把$\frac{\partial\rho}{\partial T}=\beta$看做常数，故

$$\rho-\rho_a=\beta(T-T_a) \tag{6-47}$$

$$\Delta\rho=\beta\Delta T$$

浓度差与密度差也可假定为线性关系，$\Delta C\propto\Delta\rho$。

2. 羽流参数计算

如直接求解上述运动微分方程，则需对紊动项 $r\,\overline{u'v'}$ 及 $r\,\overline{u'C'}$ 提出相应的紊流模式。另一种方法是利用适当合理假定，通过积分来求解羽流的有关参数，现介绍后一种方法。

(1) 相似性假定

认为羽流各横断面上的流速分布、浓度分布均分别存在相似性，且假定为高斯分布，则

$$u(x,r)=u_m\exp\left(-\frac{r^2}{b^2}\right) \tag{6-48}$$

$$C(x,r)=C_m\exp\left(-\frac{r^2}{\lambda^2b^2}\right) \tag{6-49}$$

式中 b 为羽流的特征半厚度，当 $r=b$ 时，$u=\frac{u_m}{e}$；当 $r=\lambda b$ 时，$C=\frac{C_m}{e}$。由实验得知 λ 为略大于 1 的系数，说明浓度分布曲线比流速分布曲线要平坦一些。

浓度分布亦可以用浓度差的形式表示：

$$\Delta C(x,r)=\Delta C_m\exp\left(-\frac{r^2}{\lambda^2b^2}\right) \tag{6-50}$$

因为密度差和浓度差呈线性关系，所以

$$\Delta\rho(x,r)=\Delta\rho_m\exp\left(-\frac{r^2}{\lambda^2b^2}\right) \tag{6-51}$$

(2) 卷吸假定

认为浮羽流从径向被卷吸的液体流速 v_e 与羽流的轴向流速成比例，所以沿轴向单位长度上被卷吸的流量可写作

$$Q_e=2\pi b\alpha u_m \tag{6-52}$$

式中 α 为卷吸系数，对于点源浮羽流可视为常数。

基于以上假定，可用积分法求解羽流参数。首先，从连续性原理考虑，羽流的流量沿 x 方向的变化应等于单位长度被卷吸的流量，即

$$\frac{\mathrm{d}}{\mathrm{d}x}\int_0^\infty u\cdot 2\pi r\mathrm{d}r=Q_e \tag{6-53}$$

将流速分布 $u(x,r)=u_m\exp\left(-\frac{r^2}{b^2}\right)$代入上式，有

$$\frac{\mathrm{d}}{\mathrm{d}x}\int_0^\infty u_m\exp\left(-\frac{r^2}{b^2}\right)2\pi r\mathrm{d}r=\frac{\mathrm{d}}{\mathrm{d}x}(\pi u_m b^2)=2\pi b\alpha u_m \tag{6-54}$$

将动量方程 $u\frac{\partial u}{\partial x}+v\frac{\partial u}{\partial r}=-\frac{\rho-\rho_a}{\rho_a}g-\frac{1}{r}\frac{\partial}{\partial r}\left(r\,\overline{u'v'}\right)$从 $r=0$ 到 $r=\infty$对断面积分，并且注意到 $r=0$ 和 $r=\infty$时，$v=0$，$\overline{u'v'}=0$，则

$$\frac{\mathrm{d}}{\mathrm{d}x}\int_0^\infty 2\pi r u^2\mathrm{d}r=\int_0^\infty\frac{\rho_a-\rho}{\rho_a}g2\pi r\mathrm{d}r \tag{6-55}$$

左端为单位质量流体的动量通量的沿程变化率，右端为单位质量流体在单位流程上的浮力。将式(6-48)、式(6-51)代入上式，积分化简后得

$$\frac{\mathrm{d}}{\mathrm{d}x}\left(\frac{\pi}{2}u_m^2b^2\right)=\pi\frac{\Delta\rho_m}{\rho_a}g\lambda^2b^2 \tag{6-56}$$

对质量守恒方程 $u\frac{\partial\Delta\rho}{\partial x}+v\frac{\partial\Delta\rho}{\partial r}=-\frac{1}{r}\frac{\partial}{\partial r}\left(r\,\overline{u'\Delta\rho'}\right)$在断面上积分，可得密度差通量守恒关系

$$\int_0^\infty u\frac{\Delta\rho}{\rho_a}g2\pi r\mathrm{d}r=const$$

将式(6-48)、式(6-51)代入上式，可得

$$\pi\frac{\lambda^2}{1+\lambda^2}u_m\frac{\Delta\rho_m}{\rho_a}gb^2=const \tag{6-57}$$

所以

$$\frac{\mathrm{d}}{\mathrm{d}x}\left[\pi\frac{\lambda^2}{1+\lambda^2}u_m\frac{\Delta\rho_m}{\rho_a}gb^2\right]=0 \tag{6-58}$$

通过上述推导，把原来的连续性方程、运动方程和含有物质量守恒方程转变为(6-54)、(6-56)和(6-58)三个方程。利用上述三个方程，可求解 u_m，b 和 $\Delta\rho_m$，其中 λ 和 α 需由实验来确定。

根据式(6-2)的定义，单位(比)质量通量，即体积流量 $Q=\int_A u\mathrm{d}A$，将式(6-48)代入并积分，得到

$$Q=\pi u_m b^2 \tag{6-59}$$

根据式(6-3)的定义，单位(比)动量通量为 $M=\int_A u^2\mathrm{d}A$，将式(6-48)代入并积分，得到

$$M=\frac{\pi}{2}u_m^2b^2 \tag{6-60}$$

根据式(6-4)的定义，单位(比)浮力通量为 $B=\int_A g\frac{\Delta\rho}{\rho_a}u\mathrm{d}A$，将式(6-51)代入并积分，得到

$$B=\pi\frac{\lambda^2}{1+\lambda^2}u_m\frac{\Delta\rho_m}{\rho_a}gb^2 \tag{6-61}$$

则

$$u_m=\frac{2M}{Q} \tag{6-62}$$

$$b=\frac{1}{\sqrt{2\pi}}\frac{Q}{\sqrt{M}} \tag{6-63}$$

则(6-54)、(6-57)式变为

$$\frac{\mathrm{d}Q}{\mathrm{d}x}=2\pi\alpha\sqrt{\frac{2M}{\pi}} \tag{6-64}$$

$$\frac{\mathrm{d}M}{\mathrm{d}x}=\frac{B(1+\lambda^2)}{2}\frac{Q}{M} \tag{6-65}$$

则

$$\frac{\mathrm{d}}{\mathrm{d}x}(M^2)=2M\frac{\mathrm{d}M}{\mathrm{d}x}=\frac{2MB(1+\lambda^2)}{2}\frac{Q}{M}=B(1+\lambda^2)Q \tag{6-66}$$

$$\begin{aligned}\frac{\mathrm{d}^2}{\mathrm{d}x^2}(M^2)&=\frac{\mathrm{d}}{\mathrm{d}x}[B(1+\lambda^2)Q]=B(1+\lambda^2)\frac{\mathrm{d}Q}{\mathrm{d}x}=B(1+\lambda^2)2\pi\alpha\sqrt{\frac{2M}{\pi}}\\&=B(1+\lambda^2)2\sqrt{2\pi M}\,\alpha\end{aligned} \tag{6-67}$$

因为 $M(0)=0$(起始动量通量为 0)，可设

$$M(x)=ax^n \tag{6-68}$$

$$\frac{\mathrm{d}}{\mathrm{d}x}(M^2)=a^2 2nx^{2n-1} \tag{6-69}$$

$$\frac{\mathrm{d}}{\mathrm{d}x^2}(M^2)=a^2 2n(2n-1)x^{2n-2} \tag{6-70}$$

由 $M(x)=ax^n$，有 $M^{\frac{1}{2}}(x)=\sqrt{a}x^{\frac{n}{2}}$，则式(6-67)成为

$$\frac{\mathrm{d}^2}{\mathrm{d}x^2}(M^2)=B(1+\lambda^2)2\sqrt{2\pi}\alpha\sqrt{a}x^{\frac{n}{2}} \tag{6-71}$$

比较(6-70)、(6-71)两式可见 $2n-2=\dfrac{n}{2}$,则

$$n=\frac{4}{3} \tag{6-72}$$

有

$$B(1+\lambda^2)2\sqrt{2\pi}\alpha\sqrt{a}=a^2 2n(2n-1)$$

令 $n=\dfrac{4}{3}$,可求出

$$a=\left(\frac{9}{40}\right)^{\frac{2}{3}}\left[B(1+\lambda^2)2\sqrt{2\pi}\alpha\right]^{\frac{2}{3}} \tag{6-73}$$

将式(6-72)、式(6-73)代入式(6-68),可得

$$M(x)=\left[\frac{9}{40}B(1+\lambda^2)2\sqrt{2\pi}\alpha\right]^{\frac{2}{3}}x^{\frac{4}{3}} \tag{6-74}$$

或 $M(x)=\left(\dfrac{9}{40}A\right)^{\frac{2}{3}}x^{\frac{4}{3}}$

式中

$$A=B(1+\lambda^2)2\sqrt{2\pi}\alpha=const \tag{6-75}$$

$$\frac{\mathrm{d}M}{\mathrm{d}x}=\frac{4}{3}\left(\frac{9}{40}A\right)^{\frac{2}{3}}x^{\frac{1}{3}} \tag{6-76}$$

由式(6-65)得

$$\begin{aligned}Q&=M\frac{\mathrm{d}M}{\mathrm{d}x}\frac{2}{B(1+\lambda^2)}\\&=\left(\frac{9}{40}A\right)^{\frac{2}{3}}x^{\frac{4}{3}}\frac{4}{3}\left(\frac{9}{40}A\right)^{\frac{2}{3}}x^{\frac{1}{3}}\frac{2}{B(1+\lambda^2)}=\frac{6}{5}\sqrt{2\pi}\alpha x\left[\left(\frac{9}{40}A\right)^{\frac{1}{3}}x^{\frac{2}{3}}\right]\\&=\frac{6}{5}\sqrt{2\pi}\alpha xM^{\frac{1}{2}}\end{aligned} \tag{6-77}$$

由式(6-62)得

$$u_m=\frac{2M}{Q}=\frac{2M}{\frac{6}{5}\sqrt{2\pi}\alpha xM^{\frac{1}{2}}}=\frac{5}{3}\frac{1}{\alpha\sqrt{2\pi}}\left(\frac{9}{40}A\right)^{\frac{1}{3}}x^{\frac{1}{3}} \tag{6-78}$$

将式(6-77)代入式(6-63),得

$$b=\frac{1}{\sqrt{2\pi}}\frac{Q}{\sqrt{M}}=\frac{\frac{6}{5}\alpha\sqrt{2\pi}M^{\frac{1}{2}}x}{\sqrt{2\pi}\sqrt{M}}=\frac{6}{5}\alpha x \tag{6-79}$$

将式(6-62)、(6-63)、(6-74)、(6-77)代入式(6-61),得

$$\frac{\Delta\rho_m}{\rho_a}g=\left(\frac{6\alpha}{5}\right)^{-1}\left(\frac{9\alpha\lambda^2}{5}\right)^{-\frac{1}{3}}B^{\frac{2}{3}}x^{-\frac{5}{3}}\left(\frac{1+\lambda^2}{\pi\lambda^2}\right)^{\frac{3}{2}} \tag{6-80}$$

由式(6-61),得

$$B=\frac{\pi\lambda^2}{1+\lambda^2}u_m\frac{\Delta\rho_m}{\rho_a}gb^2 \text{ 或 } B=\frac{\lambda^2}{1+\lambda^2}\frac{\Delta\rho_m}{\rho_a}gQ$$

因为比浮力通量沿程不变,则 $B=B_0$,而 $B_0=\frac{\Delta\rho_0}{\rho_a}gQ_0$,则

$$\frac{\lambda^2}{1+\lambda^2}\Delta\rho_m Q=\Delta\rho_0 Q_0 \tag{6-81}$$

因为$\frac{\Delta C_m}{\Delta C_0}=\frac{\Delta\rho_m}{\Delta\rho_0}$,故

$$\frac{\Delta C_m}{\Delta C_0}=\frac{1+\lambda^2}{\lambda^2}\frac{Q_0}{Q}=\frac{1+\lambda^2}{\lambda^2}Q_0\frac{5}{6\alpha}\frac{1}{\sqrt{2\pi}}\left(\frac{9}{40}A\right)^{-\frac{1}{3}}x^{-\frac{5}{3}} \tag{6-82}$$

$\frac{\Delta C_m}{\Delta C_0}$的倒数即轴线上的稀释度。

若把密度佛汝德数定义为

$$F(x)=\frac{u_m}{\sqrt{g\frac{\Delta\rho_m}{\Delta\rho_a}b}}=\frac{5}{4}^{\frac{1}{2}}\frac{\lambda}{\sqrt{\alpha}}=\text{常数} \tag{6-83}$$

则在整个羽流中,惯性力与浮力之比保持不变。

以上是关于点源扩散而形成的圆形断面羽流的基本特性,用类似方法同样可以得出二维(平面)羽流的相应特性见表 6-2。

表 6-2　静止均质环境中羽流主要特性表

参数	二维(平面)射流	轴对称(圆形)射流
单位起始浮力通量 B_0	$B_0=\frac{\Delta\rho_0}{\rho_a}gq_0$	$B_0=\frac{\Delta\rho_0}{\rho_a}gQ_0$
断面最大速度 u_m	$u_m=2.05B_0^{1/3}$	$u_m=4.74B_0^{1/3}x^{-1/3}$
断面最大浓度 C_m	$C_m=2.4Q_0C_0B_0^{-1/3}x^{-1}$	$C_m=11.17Q_0C_0B_0^{-1/3}x^{-5/3}$
射流半厚度 b	$b=0.147x$	$b=0.102x$
任意断面体积流量	$Q=0.535B_0^{1/3}x$	$Q=0.156B_0^{1/3}x^{5/3}$

续表 6-2

参数	二维(平面)射流	轴对称(圆形)射流
单位动量通量 $M=\int_A u^2 \mathrm{d}A$	$M=0.774B_0^{2/3}x$	$M=0.37B_0^{2/3}x^{4/3}$
扩展系数 ε	$\varepsilon=0.147$	$\varepsilon=0.102$
浓度分布与速度分布宽度比 λ	$\lambda=1.24$	$\lambda=1.16$
卷吸系数 α	$\alpha=0.130$	$\alpha=0.085$
任意断面密度佛汝德数 F	$F=$ 常数 $=3.48$	$F=$ 常数 $=4.45$

例 6-4　有流量为 1.0 m^3/s 的污水在海岸水下 70 m 深处通过圆管排入海水中，污水在出口处的水温为 17.8 ℃，密度为 998.6 kg/m^3，海水水温为 11.1 ℃，密度为 1 024.9 kg/m^3。如果污水在排污口处的初始浓度为 1 kg/m^3，试问在水面下 10 m 处的最大浓度和平均稀释度是多少？

解：查表 6-2，圆形射流单位起始浮力通量为

$$B_0=\frac{\Delta\rho_0}{\rho_a}gQ_0=\frac{1\,024.9-998.6}{1\,024.8}\times 9.8\times 1=0.251\ \mathrm{m^4/s^3}$$

水面下 10 m 处的最大浓度

$$C_m=\frac{11.17Q_0C_0}{B_0^{1/3}x^{5/3}}=\frac{11.17\times 1\times 1}{0.251^{1/3}\times(70-10)^{5/3}}\times 1\,000=19.3\ \mathrm{mg/L}$$

水面下 10 m 处的羽流流量为

$$Q=0.156B_0^{1/3}x^{5/3}=0.156\times 0.251^{1/3}\times(70-10)^{5/3}=87\ \mathrm{m^3/s}$$

水面下 10 m 处的平均稀释度为

$$\bar{S}=\frac{Q}{Q_0}=\frac{87}{1}=87$$

§6-5　静止均质(无密度分层)及线性密度分层环境中的圆形浮射流

浮射流兼有纯射流和纯羽流两种特点，它既受初始动量的作用，同时也受浮力的作用。浮射流的流动受周围环境影响较大，如射流密度与环境流体密度的差异程度、周围环境液体是均质或有密度分层现象、环境流体是处于静止或流动状态等都有重大影响。一

般排泄出的废水或废气都有一定的出口流速，即具有初始动量，在出口的近区往往动量起主要作用，离出口越远，初始动量的作用越小，至远区其性质接近于浮力羽流。

浮射流的问题比动量射流和浮羽流都要复杂些，用解析方法较难求得结果，因而常采用近似的数值解或由量纲分析结合实验成果进行归纳。

本章主要介绍具有轴对称性质的圆形浮射流，如图 6-6 所示。先分析环境流体为均质的情况，后分析环境流体密度沿垂向为线性分层的情况。

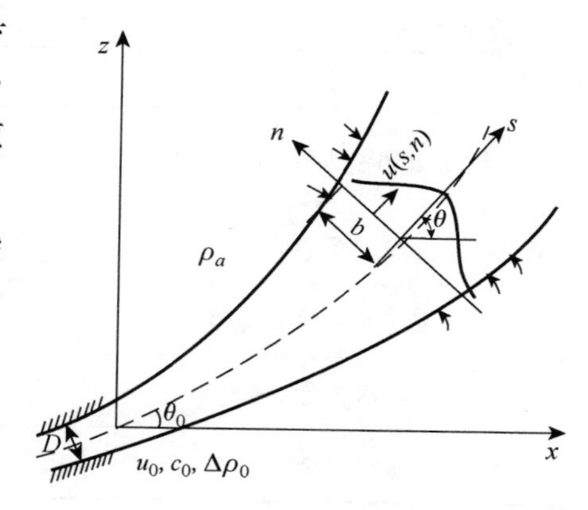

图 6-6　静止均值环境中圆形浮射流

1. 静止均质环境中圆形浮射流

一与水平面成倾角 θ_0 的射流如图，射流离开喷口时的起始密度为 ρ_1，周围环境为均质流体，密度为 ρ_a，假定 $\rho_1<\rho_a$，射流孔直径为 D，通过射流孔中心 O 为原点设置 x，y 坐标，从原点 O 沿浮射流轴线量取的距离为 S。

(1) 基本假定

认为流体系不可压缩，整个流场动水压强遵循静水压强分布规律，流场中密度变化不大，除重力之外对于其他作用力(如惯性)不计密度的变化。射流轨迹的曲率较小，不考虑曲率影响等等。除此之外还有下列基本假定：

① 卷吸假定：

沿浮射流单位长度的流量变化和由横向紊动所卷吸的流量相等，即$\dfrac{\mathrm{d}Q}{\mathrm{d}s}=2\pi\alpha b u_m$，$\alpha$ 为浮射流的横向卷吸系数，b 为浮射流任意横断面的特征半厚度，u_m 为该断面上轴线流速。

② 流速分布、示踪物浓度分布、密度差分布在浮射流各横断面上分别具有相似性且为高斯分布。

由于假定整个浮射流具有轴对称性质，在横断面上流速、浓度、密度差的分布函数根据相似性假定，距原点为 s 的任意断面上有关参数的分布函数为

$$u(s,r)=u_m(s)e^{-\frac{r^2}{b^2}} \tag{6-84}$$

$$C(s,r)=C_m(s)e^{-\frac{r^2}{(\lambda b)^2}} \tag{6-85}$$

$$\rho_0-\rho(s,r)=[\rho_0-\rho_m(s)]e^{-\frac{r^2}{(\lambda b)^2}} \tag{6-86}$$

式中，r 为距原点为 s 的任意断面上某一点到轴线的距离；C_m，ρ_m 分别为任意断面轴线处的含有物浓度和密度；ρ_0 为所取的参考密度，一般选用起始断面处的环境流体密度 $\rho_a(0)$。在均质环境条件下，$\rho_a(0)=\rho_a=$常数；λb 为选用的分布函数的特征长度。

(2) 基本方程式

① 连续性方程

根据卷吸假定，$\frac{dQ}{ds}=\frac{d}{ds}(\pi b^2 u_m)=2\pi b\alpha u_m$，则

$$\frac{d}{ds}(b^2 u_m)=2b\alpha u_m \tag{6-87}$$

② x 方向的动量方程

因为沿 x 方向没有压力变化，故动量守恒，则

$$\frac{d}{ds}\int_0^{\infty}\rho u(u\cos\theta)2\pi r\mathrm{d}r=0$$

将流速分布函数式 $u(s,r)=u_m(s)e^{-\frac{r^2}{b^2}}$ 代入，并忽略密度在射流内的变化，积分得

$$\frac{d}{ds}\left(\frac{b^2 u_m^2}{2}\cos\theta\right)=0 \tag{6-88}$$

③ y 方向的动量方程

沿 y 轴单位时间内动量的改变应当和密度差所引起的浮力相等，即

$$\frac{d}{ds}\left[\int_0^{\infty}\rho u(u\sin\theta)2\pi r\mathrm{d}r\right]=g\int_0^{\infty}(\rho_0-\rho)2\pi r\mathrm{d}r$$

$$\frac{d}{ds}\left(\frac{u_m^2 b^2}{2}\sin\theta\right)=\frac{\rho_0-\rho_m}{\rho_0}g\lambda^2 b^2 \tag{6-89}$$

④ 密度差通量守恒方程

和分析羽流的方法类似，对浮射流的质量守恒方程积分同样可得出密度差通量沿流程不变，即

$$\frac{d}{ds}\left[\int_0^{\infty}u(\rho_0-\rho)2\pi r\mathrm{d}r\right]=0 \tag{6-90}$$

积分后，

$$\frac{d}{ds}\left[u_m b^2(\rho_0-\rho_m)\right]=0 \tag{6-91}$$

⑤ 含有物质量守恒方程

若浮射流中含有物为示踪物质，其质量将沿流程不变，即

$$\frac{d}{ds}\left[\int_0^{\infty}Cu2\pi r\mathrm{d}r\right]=0 \tag{6-92}$$

将式(6-84)、式(6-85)代入式(6-92)中，积分后得

$$\frac{\mathrm{d}}{\mathrm{d}s}[C_m u_m b^2] = 0 \tag{6-93}$$

⑥ 浮射流轨迹的几何特性

设在浮射流轴线上距原点 O 的距离为 s 处，其直角坐标为 x，y，轴线在该点的切线与水平面的夹角为 θ。

$$\frac{\mathrm{d}x}{\mathrm{d}s} = \cos\theta \tag{6-94}$$

$$\frac{\mathrm{d}y}{\mathrm{d}s} = \sin\theta \tag{6-95}$$

(3) 方程的求解

以上共导出了关于浮射流特性的基本方程式有 7 个，在这些微分方程中共包含了 7 个未知数，分别为 u_m，C_m，ρ_m，b，θ，x，y。方程式的数目恰好能满足求解的要求。

求解上述 7 个基本方程式的起始(即边界)条件是

$$\left.\begin{array}{l} u_m(0) = u_0,\ C_m(0) = C_0 \\ \rho_m(0) = \rho_1,\ b(0) = b_0 \\ \text{当 } s = 0 \text{ 时},\ x = 0,\ y = 0,\ \theta(0) = \theta_0 \end{array}\right\} \tag{6-96}$$

在 7 个方程式中，对具有守恒性质的三个微分方程式，只需要通过简单的积分就可以求解。

对 x 方向的动量方程式(6-88)积分后得，

$$\frac{u_m b^2}{2}\cos\theta = const \tag{6-97}$$

对密度差通量守恒方程式(6-91)积分后得，

$$u_m b^2(\rho_m - \rho_a) = u_0 b_0^2(\rho_m - \rho_a) \tag{6-98}$$

对含有物质量守恒方程式(6-93)积分得，

$$C_m u_m b^2 = u_0 C_0 b_0^2 \tag{6-99}$$

由式(6-98)、式(6-99)可见，只要已知浮射流任意断面上特征半厚度 b 及轴心浓度 C_m，即可求出轴心流速 u_m 及轴心密度 ρ_m。

事实上对 7 个基本微分方程要全部得出解析解非常困难，只能在给定条件下用近似的积分法求得数值解来满足实际计算的需要。

下面介绍一个有代表性的数值解法。

(4) 数值解法　范乐年-布鲁克斯方法

① 方程标准化和无量纲化

变量无量纲化，微分方程无量纲化。

$$无量纲流量\ \mu = \frac{u_m b^2}{u_0^2 b_0^2} \tag{6-100}$$

$$无量纲动量\ m = \left[\frac{g\lambda^2 u_0^3 b_0^6 (\rho_0 - \rho_1)}{4\sqrt{2}\alpha\rho_0}\right]^{-\frac{2}{5}} \frac{u_m^2 b^2}{2} \tag{6-101}$$

$$m\ 的水平分量\ h = m\cos\theta \tag{6-102}$$

$$m\ 的垂直分量\ v = m\sin\theta \tag{6-103}$$

$$无量纲轴向坐标\ \xi = \left[\frac{\rho_0 u_0^2 b_0^4}{32\alpha^4\lambda^2 g(\rho_0 - \rho_1)}\right]^{-\frac{1}{5}} S \tag{6-104}$$

$$无量纲水平坐标\ \eta = \left[\frac{\rho_0 u_0^2 b_0^4}{32\alpha^4\lambda^2 g(\rho_0 - \rho_1)}\right]^{-\frac{1}{5}} x \tag{6-105}$$

$$无量纲垂向坐标\ \xi = \left[\frac{\rho_0 u_0^2 b_0^4}{32\alpha^4\lambda^2 g(\rho_0 - \rho_1)}\right]^{-\frac{1}{5}} y \tag{6-106}$$

则无量纲流量沿无量纲轴向坐标变化率

$$\frac{\mathrm{d}\mu}{\mathrm{d}\zeta} = \sqrt{m} \tag{6-107}$$

由于动量沿水平方向保持不变，所以

$$h = \sqrt{m^2 - v^2} = const = h_0 \tag{6-108}$$

无量纲动量的垂直分量沿无量纲轴向坐标变化率

$$\frac{\mathrm{d}v}{\mathrm{d}\zeta} = \frac{\mu}{m} \tag{6-109}$$

$$\frac{\mathrm{d}\eta}{\mathrm{d}\zeta} = \frac{h}{m} \tag{6-110}$$

$$\frac{\mathrm{d}\xi}{\mathrm{d}\zeta} = \frac{v}{m} \tag{6-111}$$

求解上述无量纲微分方程的起始条件式由式(6-96)相应变为：

$$\left.\begin{array}{l}\mu(0) = 1,\ m(0) = m_0, \\ 当\ \zeta = 0\ 时,\ \eta = 0,\ \xi = 0,\ \theta(0) = \theta_0\end{array}\right\} \tag{6-112}$$

② 数值解的作法和图解曲线

浮射流的初始入射角 θ_0 和无量纲初始动量 m_0 对整个浮射流的发展起着重要作用，同时也是浮射流求解的已知条件，所以数值积分计算应以 θ_0 和 m_0 为参数。首先给定一系列 θ_0，对每一个确定的 θ_0 值，再选取若干 m_0 值，分别就每一种组合进行计算。

范乐年选取 $\theta_0=0°$、15°、30°、45°、60°、90°，并在 $m_0=0.37\sim18.0$ 范围内作出了计算成果，这些数值成果已绘制成曲线。针对 $\theta_0=45°$，图 6-7 是用来求解浮射流轴线轨迹和射流半厚度 b。图 6-8 是用于求解浮射流轴线上含有物质浓度(或稀释度)。

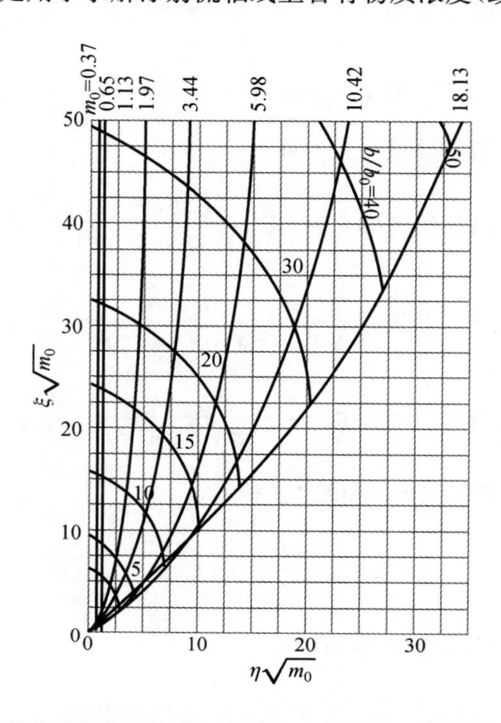

图 6-7 静止均值环境中圆形浮射流轨迹与厚度求解图($\theta_0=45°$)

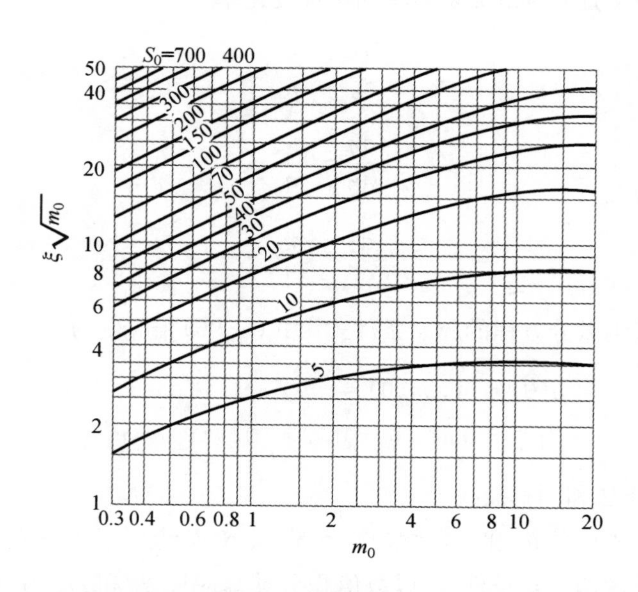

图 6-8 静止均质环境中圆形浮射流稀释度求解图($\theta_0=45°$)

在图 6-7 中有两簇曲线，其中一簇是以 m_0 为参数的曲线。用于求解射流轴线运动轨迹坐标，另一簇是以$\frac{b}{b_0}$为参数的曲线，用于求解浮射流特征半厚度 b。曲线的纵坐标为 $\xi\sqrt{m_0}$，横坐标为 $\eta\sqrt{m_0}$，这样选取坐标是为了便于应用。不难证明，浮射流轴线坐标 x，y 与无量纲坐标 $\xi\sqrt{m_0}$ 及 $\eta\sqrt{m_0}$ 有以下关系

$$\left.\begin{aligned}\frac{x}{b_0}&=\frac{\eta\sqrt{m_0}}{2\alpha}\\\frac{y}{b_0}&=\frac{\xi\sqrt{m_0}}{2\alpha}\end{aligned}\right\}\tag{6-113}$$

对实际问题求解时，根据已知的 θ_0、m_0、b_0，任意假定浮射流轴线上某点 x 值，从而可算出 η 及 $\eta\sqrt{m_0}$，由附图 6-1 中的相应曲线可查出该点的 $\xi\sqrt{m_0}$，从而求出相应的 y 值。

若把浮射流起始断面的浓度 C_0 与轴线上任意点的浓度 C_m 之比定义为浮射流轴线上任意点处的稀释度，则由式(6-99)、(6-100)得

$$S_0=\frac{C_0}{C_m}=\mu\tag{6-114}$$

图 6-8 是用于求解轴线上稀释度 S_0 的。已知 m_0、θ_0 及轴线上某点纵坐标 ξ 值，通过 m_0、$\xi\sqrt{m_0}$ 查图 6-8 可得到相应点的稀释度。当 $\xi\sqrt{m_0}>50$ 且 m_0 较小时，可利用纯羽流计算公式计算稀释度 S_0，即

$$S_0=0.46\xi^{\frac{5}{3}}\tag{6-115}$$

需要指出的是，上述图解曲线是根据 $\alpha=0.082$，$\lambda=1.16$ 所得到的。

③ 考虑初始段的修正

以上求解过程是基于浮射流起始断面的紊动已充分发展，断面上流速、示踪物质浓度符合高斯分布。而实际上射流都是从孔口或喷嘴射出，从喷口平面起要经历一段距离(等于初始长度)后断面上特性才符合高斯分布。因此应用于实际问题时，需要把孔口或喷嘴出口端面与起始段末端断面加以区别，相应地需对上述求解的结果加以修正。原有结果包括图解曲线所得的成果是针对初始段末端的，应当把它们转换为针对喷口断面。

a. 初始段末端断面的射流厚度

假定把初始段视为直线，对初始段取动量方程并忽略浮力的影响，则沿 S 轴动量守恒，即

$$\frac{\pi}{4}D^2u_0^2=\int_A u^2\mathrm{d}A\quad\text{（初始段末端断面上）}\tag{6-116}$$

上式右端积分是在初始段末端断面上，D 为喷口的孔径，设 b_0 为初始段末端射流半

宽度。代入流速公式后，上式变为

$$\frac{\pi}{4}D^2u_0=\int_0^{\infty}u_0e^{-\frac{r^2}{b_0^2}}2\pi r\mathrm{d}r=\frac{\pi b_0^2u_0^2}{2}$$

$$b_0=\frac{D}{\sqrt{2}} \tag{6-117}$$

在查附图 6-2 时$\left[\frac{b}{b_0}\right]$相当于$\frac{b}{\frac{D}{\sqrt{2}}}$的值，故任意断面上的浮射流半厚度应按下式计算：

$$b=\frac{D}{\sqrt{2}}\left[\frac{b}{b_0}\right] \tag{6-118}$$

即是将图解曲线上所差得的$\left[\frac{b}{b_0}\right]$值再乘以$\frac{D}{\sqrt{2}}$。

b. 对射流轨迹坐标的修正

以上所得的坐标是针对坐标原点设在初始段末端断面中心 O 点的 xOy 坐标系的值，若以喷口中心 O' 点为 $x'O'y'$ 坐标，则对 xOy 坐标系，

$$\left.\begin{aligned}x&=\frac{\eta\sqrt{m_0}b_0}{2\alpha}\\ y&=\frac{\xi\sqrt{m_0}b_0}{2\alpha}\end{aligned}\right\} \tag{6-119}$$

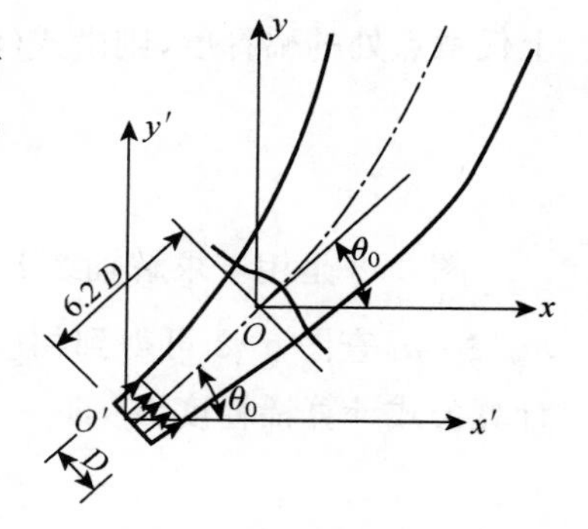

图 6-9　考虑初始段的修正图

将 $b_0=\frac{D}{\sqrt{2}}$代入得，

$$\left.\begin{aligned}x&=\frac{\eta\sqrt{m_0}}{2\sqrt{2}\alpha}D\\ y&=\frac{\xi\sqrt{m_0}}{2\sqrt{2}\alpha}D\end{aligned}\right\} \tag{6-120}$$

若视初始段为直线，将 *Alberson* 等人提供的初始段长度 6.2D 用于倾斜浮射流，对 $x'O'y'$ 坐标系的浮射流轨迹坐标为

$$\left.\begin{aligned}x'&=x+6.2D\cos\theta\\ y'&=y+6.2D\sin\theta\end{aligned}\right\} \tag{6-121}$$

c. 关于轴线上稀释比的修正

令初始段末端断面中心示踪物浓度为 C_0，喷口断面示踪物浓度为 C'_0，示踪物质量守恒。

$$\frac{\pi D^2}{4}u_0C'_0=\int_A uC\mathrm{d}A=\int_0^\infty u_0e^{-\frac{r^2}{b^2}}C_0e^{-\frac{r^2}{\lambda^2b^2}}2\pi r\mathrm{d}r \tag{6-122}$$

积分化简后得

$$C_0=\frac{1+\lambda^2}{2\lambda^2}C'_0 \tag{6-123}$$

用图解曲线计算稀释比时，所取参考浓度为初始段末端断面中心浓度 C_0，即

$$S_0=\frac{C_0}{C_m} \tag{6-124}$$

若以喷口平均浓度 C'_0 作参考浓度，

$$S=\frac{C'_0}{C_m} \tag{6-125}$$

因此，不同参考浓度的稀释比关系为

$$S=\frac{C'_0}{C_0}S_0 \tag{6-126}$$

将式(6-123)代入上式得

即

$$S=\frac{2\lambda^2}{1+\lambda^2}S_0 \tag{6-127}$$

由此可见，按图解曲线所得的 S_0 再乘以 $\frac{2\lambda^2}{1+\lambda^2}$ 才是针对喷口平面的稀释比。若取 $\lambda=1.16$，则

$$S=1.15S_0 \tag{6-128}$$

d. 初始段末端断面的 m_0 值

按式(6-101)定义，当初始段末端断面射流特征半厚度 $b_0=\frac{D}{\sqrt{2}}$ 时，

$$m_0=\left(\frac{2\alpha^2}{\lambda^4}\right)^{\frac{1}{5}}F_0^{\frac{4}{5}} \tag{6-129}$$

式中，$F_0=\frac{u_0}{\sqrt{\frac{\rho_0-\rho_1}{\rho_0}gD}}$

2. 静止的线性密度分层环境中圆形浮射流

在湖泊、水库或海洋中由于含盐度不同，或者由于温度分层而引起环境水体的密度有

分层现象。在多数实际问题中，密度分层沿铅垂方向接近线性关系，所以分析中只讨论水体密度为线性变化的情况，即$\frac{d\rho_a}{dy}=const$。

如图 6-10 所示为线性密度分层环境中的浮射流示意图。此时的环境水体密度 ρ_a 不再保持常数，而与铅垂坐标 y 有关。在喷口断面的环境水体密度 $\rho_a(0)=\rho_0$。

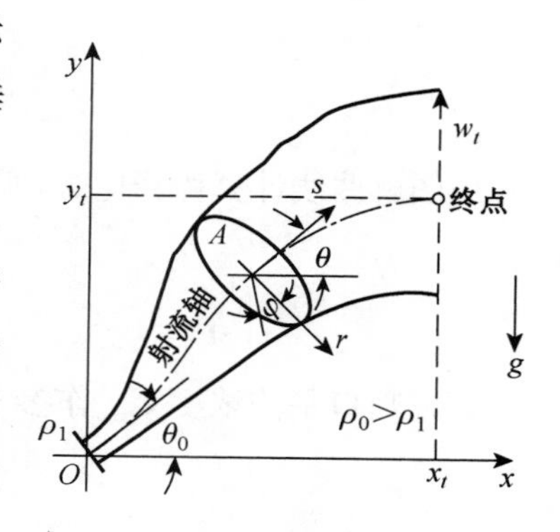

图 6-10 静止线性密度分层环境中的圆形浮射流

由图可见，线性分层环境中的浮射流轴线呈 S 形，开始阶段射流在初始动量和浮力作用下弯曲向上，随着射流逐渐扩展，较重的周围流体不断被卷吸，射流本身密度逐渐变重，相应的周围流体愈往高处变得愈轻，向上的浮力越来越小，乃至最后浮力反向（指向下方）。在垂直动量最后消失的地方，浮射流停止上升。该点称为浮射流的终点(x_t,y_t)。

(1) 基本方程式

对线性分层环境中的浮射流，其基本方程式大部分都和均质环境浮射流的形式的形式一样。具体说有以下五个方程式完全一样。

① 连续性方程(6-87)式；

② x 方向动量方程(6-88)式；

③ 含有物质量守恒方程(6-89)式；

④ 浮射流轨迹的几何特性条件式(6-94)式、(6-95)式。

以上五个方程式，不仅从物理意义上适用于线性分层环境情况，而且表达形式完全一样，可以直接引用，这里不再重列。

关于 y 方向的动量方程式(6-89)，就其物理意义来说也完全适用于线性分层的情况，稍有不同的是此时环境密度 ρ_a 不是保持常数，且不等于参考密度 ρ_a，故 y 方向动量方程应变为下式：

$$\frac{d}{dS}\left(\frac{u_m^2 b^2}{2}\sin\theta\right)=\frac{\rho_a-\rho_m}{\rho_0}g\lambda b^2 \tag{6-130}$$

均质环境中浮射流的 7 个基本方程式中，不适用于分层环境浮射流的是密度差通量守恒方程式(6-91)，因密度差守恒必须以均质环境为前提。

在分层情况下，射流出流断面的密度和环境流体密度之间的密度差可能是由于射流的某种含有物质(如含盐量、热量等)的浓度 C 和环境中含有物质的浓度 C_a 不同所引起的，在小密度差的情况，密度差和浓度差可以认为有线性关系$[\rho_1-\rho(s,r)]\propto[C_{a0}-C(s,r)]$，所以射流含有物总量沿程不变的关系可以用密度差表示的物质守恒关系表达，即沿射流含有物通量的变化等于从射流四周卷吸进入的卷吸量，即

$$\frac{d}{dS}\int_0^{\infty} u(\rho_1-\rho)2\pi r dr = 2\pi b u_e(\rho_1-\rho_a) = 2\pi b\alpha u_m(\rho_1-\rho_a)$$

式中右边括号内应为射流周界上的密度差，因环境密度是线性变化的，故可以轴线上的密度差作为平均值计算，以上方程式经过化简为下式

$$\frac{d}{dS}[u_m b^2(\rho_a-\rho)] = \frac{1+\lambda^2}{\lambda^2} b^2 u_m^2 \frac{d\rho_a}{dS} \tag{6-131}$$

（2）方程的求解

和均质环境下求解类似，这里同样有 7 个方程式，7 个未知数，求解的起始条件中亦和均质环境起始条件式(6-96)一样。

对于 x 方向的动量方程，含有物质量守恒方程仍然只通过简单积分而求解，其结果和(6-97)、(6-98)一样。

对整个方程组同样不能用解析法求解，只能采用数值解法。

（3）数值解法

仍然介绍范乐年-布鲁克斯的数值解法。

① 无量纲方程

$$\text{无量纲流量}\ \mu = \left[\frac{G^5}{64F_0^6\alpha^4(1+\lambda^2)}\right]^{\frac{1}{8}} u_m b^2 \tag{6-132}$$

$$\text{无量纲动量}\ m = \left[\frac{G}{(1+\lambda^2)F_0^2}\right]\frac{u_m^4 b^4}{4} \tag{6-133}$$

$$h = m\cos^2\theta \tag{6-134}$$

$$v = m\sin^2\theta \tag{6-135}$$

$$\text{无量纲浮力}\ \beta = \frac{\frac{\lambda^2}{1+\lambda^2} b^2 u_m g \frac{\rho_a-\rho_m}{\rho_0}}{F_0} \tag{6-136}$$

$$\text{无量纲轴向坐标}\ \zeta = \left[\frac{64G^3\alpha^4(1+\lambda^2)}{F_0^4}\right]^{\frac{1}{3}} s \tag{6-137}$$

$$\text{无量纲水平坐标}\ \eta = \left[\frac{64G^3\alpha^4(1+\lambda^2)}{F_0^4}\right]^{\frac{1}{3}} x \tag{6-138}$$

$$\text{无量纲垂直坐标}\ \xi = \left(\frac{64G^3\alpha^4(1+\lambda^2)}{F_0^4}\right)^{\frac{1}{3}} y \tag{6-139}$$

上列各式中 G、F_0 为具有量纲的参数，其定义为

$$G = -\frac{g}{\rho_0}\frac{d\rho_a}{dy} \tag{6-140}$$

$$F_0 = \frac{\lambda^2}{1+\lambda^2} b_0^2 u_0 g \frac{\rho_0 - \rho_1}{\rho_1} \tag{6-141}$$

引入有关无量纲变量后，线性分层环境中的基本方程式变为下列形式：

$$\frac{\mathrm{d}\mu}{\mathrm{d}\zeta} = m^{\frac{1}{4}} \tag{6-142}$$

$$h = m - v = h_0 = const \tag{6-143}$$

$$\frac{\mathrm{d}v}{\mathrm{d}\zeta} = \beta\mu\left(\frac{v}{m}\right)^{\frac{1}{2}} \tag{6-144}$$

$$\frac{\mathrm{d}\beta}{\mathrm{d}\zeta} = -\mu\left(\frac{v}{m}\right)^{\frac{1}{2}} \tag{6-145}$$

$$\frac{\mathrm{d}\eta}{\mathrm{d}\zeta} = \left(\frac{h}{m}\right)^{\frac{1}{2}} \tag{6-146}$$

$$\frac{\mathrm{d}\xi}{\mathrm{d}\zeta} = \left(\frac{v}{m}\right)^{\frac{1}{2}} \tag{6-147}$$

求解上列无量纲变量微分方程的起始条件为：

$$\left.\begin{array}{l} \mu(0) = \mu_0,\ m(0) = m_0, \\ \theta(0) = \theta_0,\ \beta(0) = 1, \\ \text{当}\ \zeta = 0\ \text{时},\ \eta = 0,\ \xi = 0 \end{array}\right\} \tag{6-148}$$

② 数值解结果和图解曲线

数值求解的作法和前面介绍的均质环境相同。这里有三个参数，即 μ_0、m_0 和 θ_0，为了对分层环境浮射流变化规律有一般的了解，对 $\theta_0 = 0°$、$\mu_0 = 0$、$m_0 = 0.2$ 特定情况下，浮射流的流量、浮力、垂直动量沿射流流轴 ζ 的变化规律进行了计算，其结果见图 6-11。

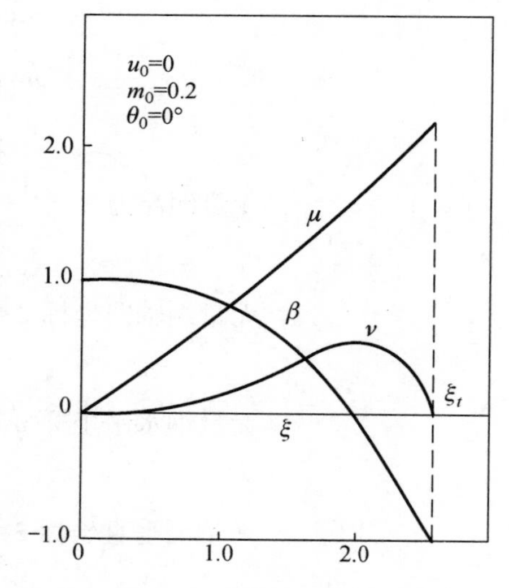

图 6-11 静止线性密度分层环境中水平圆形浮射流的无量纲流量、浮力、垂直动量的轴向变化图

由图 6-11 可见，垂直动量 v 首先沿轴线 ζ 增大，而后逐渐下降为零。$v=0$ 的点即是浮射流上升的终点(x_t, y_t)。上浮力 β 由开始最大单调逐渐下降，β 下降为零的点恰好是垂直动量 v 达到极大值的地方，而后浮力变为负值。由于射流的紊动卷吸作用，流量 μ 沿轴线方向总是逐渐增大。

③ 对考虑初始段的修正

考虑初始段修正的方法和均质环境浮射流情况完全相同。

初始段末端断面的浮射流半厚度仍采用

$$b_0=\frac{D}{\sqrt{2}}$$

浮射流轴线稀释比仍采用

$$S=\frac{2\lambda^2}{1+\lambda^2}S_0=\frac{2\lambda^2}{1+\lambda^2}\frac{u}{u_0}$$

浮射流轴线坐标仍采用

$$x'=x+6.2D\cos\theta$$

$$y'=y+6.2D\sin\theta$$

初始段末端断面的 m_0 及 μ_0 为

$$m_0=\frac{(1+\lambda^2)F_0^2}{4\lambda^2 T} \tag{6-149}$$

$$\mu_0=\frac{(1+\lambda^2)^{\frac{5}{8}}F_0^{\frac{1}{4}}}{2\sqrt{2}\lambda^{\frac{3}{2}}T^{\frac{5}{3}}} \tag{6-150}$$

式中 $T=\dfrac{\rho_0-\rho_1}{-D\dfrac{d\rho_a}{dy}}$，$F_0=\dfrac{\mu_0}{\sqrt{\dfrac{\rho_0-\rho}{\rho_0}gD}}$

例 6-5　排污管出口泄于海中，污水浓度 $C_0=1\ 000$ ppm，出口位于海面下 24 m 深处，出口直径 $D=0.2$ m，出口断面处污水与海水相对密度差 $\Delta\rho_0/\rho_a=0.02$。

(1) 出口流速 0.4 m/s，$\theta_0=0^0$，试分别用纯羽流和浮射流计算当污水到达海面后的最大流速、最大浓度和平均稀释度。

(2) 出口流速 0.4 m/s，试比较在出射角 $\theta_0=0^0$ 及 $\theta_0=90^0$ 两种情况下，污水到达海面上的稀释度。

(3) 出口流速 3.5 m/s，试比较在出射角 $\theta_0=0^0$ 及 $\theta_0=90^0$ 两种情况下，污水到达海面上的稀释度。

(4) 其他条件与(1)相同，试比较采用 $D=0.4$ m 的单孔排泄和用 4 个互不干扰的多孔排泄的海面稀释度。

解：

(1) 出口流速 0.4 m/s，如按照圆形断面纯羽流处理，则

初始流量

$$Q=\frac{\pi D^2}{4}u_0=\frac{\pi}{4}\times 0.2^2\times 0.4=0.0126\ \mathrm{m^3/s}$$

单位起始浮力通量

$$B_0=\frac{\Delta\rho_0}{\rho_a}gQ_0=0.02\times 9.8\times 0.0126=0.00247\ \mathrm{m^3/s}$$

到达海面处的最大流速

$$u_m=4.74B_0^{\frac{1}{3}}x^{-\frac{1}{3}}=4.74\times(0.00247)^{\frac{1}{3}}\times 24^{-\frac{1}{3}}=0.22\ \mathrm{m/s}$$

到达海面处的最大浓度

$$C_m=11.17Q_0C_0B_0^{-\frac{1}{3}}x^{-\frac{5}{3}}=11.17\times 0.0126\times 1000\times(0.00247)^{-\frac{1}{3}}\times 24^{-\frac{5}{3}}=5.21\ \mathrm{ppm}$$

到达海面时的平均稀释度

$$\bar{S}=\frac{Q}{Q_0}=\frac{0.156B_0^{\frac{1}{3}}x^{\frac{5}{3}}}{Q_0}=\frac{0.156\,(0.00247)^{\frac{1}{3}}\times 24^{\frac{5}{3}}}{0.0126}=334$$

如果按照浮射流来处理，$\theta_0=0^0$

由密度佛汝德数

$$F_0=\frac{u_0}{\sqrt{\frac{\rho_a-\rho_1}{\rho_a}gD}}$$

$$m_0=\left(\frac{2\alpha^2}{\lambda^4}\right)^{\frac{1}{5}}F_0^{\frac{4}{5}}=0.374F_0^{\frac{4}{5}}$$

有 $F_0=\dfrac{0.4}{\sqrt{0.02\times 9.8\times 0.2}}=2.02, m_0=0.374\times 2.02^{\frac{4}{5}}=0.658$

$$\xi\sqrt{m_0}=\frac{y}{b_0}2\alpha=\frac{H}{\frac{D}{\sqrt{2}}}2\alpha=\frac{\sqrt{2}H}{D}2\alpha=\frac{\sqrt{2}\times 24}{0.2}\times 2\times 0.082=27.83$$

查附录 6-1(a)，得

$$\eta\sqrt{m_0}=3,\left[\frac{b}{b_0}\right]=25,\text{则 } b=\frac{D}{\sqrt{2}}\left[\frac{b}{b_0}\right]=\frac{0.2}{\sqrt{2}}\times 25=3.53\ \mathrm{m}$$

查附录 6-2(a)，得 $S_0\approx 200$

$$S=\sqrt{\frac{2\lambda^2}{1+\lambda^2}}S_0=\sqrt{\frac{2\times 1.16^2}{1+1.16^2}}\times 200=188$$

故 $C_m=\frac{C_0}{S}=\frac{1\ 000}{188}=5.31\ \text{ppm}$

$$u_m=\frac{C_0u_0b_0^2}{C_mb^2}=\frac{1\ 000\times 0.4\times\left(\frac{0.2}{\sqrt{2}}\right)^2}{5\times(3.53)^2}=0.12\ \text{m/s}$$

(2) 出口流速 0.4 m/s,由(1)得知,

$$F_0=\frac{0.4}{\sqrt{0.02\times 9.8\times 0.2}}=2.02$$

$$m_0=0.374\times 2.02^{\frac{4}{5}}=0.658$$

$$\xi\sqrt{m_0}=27.83$$

当 $\theta_0=0°$时由附录 6-2 附图 6-2(a)查得 $S_0\approx 200$;

当 $\theta_0=90°$时由附录 6-2 附图 6-2(d)查得 $S_0\approx 200$。

可见对于低 F_0值浮力羽流,其轨迹的大部分均呈铅垂形,所以表面稀释度几乎和初始入射角 θ_0 无关。

(3) 出口流速 3.5 m/s,由密度佛汝德数

$$F_0=\frac{u_0}{\sqrt{\frac{\rho_a-\rho_1}{\rho_a}gD}},\ m_0=\left(\frac{2\alpha^2}{\lambda^4}\right)^{\frac{1}{5}}F_0^{\frac{4}{5}}=0.374F_0^{\frac{4}{5}}$$

得到

$$F_0=\frac{3.5}{\sqrt{0.02\times 9.8\times 0.2}}=17.68,\ m_0=0.374F^{\frac{4}{5}}=0.374\times 17.68^{\frac{4}{5}}=3.72$$

$$\xi\sqrt{m_0}=27.83$$

当 $\theta_0=0°$时由附录 6-2 附图 6-2(a)查得 $S_0\approx 70$;

当 $\theta_0=90°$时由附录 6-2 附图 6-2(d)查得 $S_0\approx 50$。

可见对于高 F_0值浮力羽流,水平出射比垂直出射更为有利,因为它比垂直出射具有更长的轨迹,从而具有更强的紊动卷吸效果。

(4) 其他条件与(1)相同,由(1)已知,取 $\theta_0=0°$,单孔排泄的海面稀释度为 $S_0\approx 200$。

当采用多孔排泄时,$F_0=\frac{0.4}{\sqrt{0.02\times 9.8\times 0.1}}=2.86$

$$m_0=0.374F_0^{\frac{4}{5}}=0.374\times 2.86^{\frac{4}{5}}=0.87$$

$$\xi\sqrt{m_0}=\frac{y}{b_0}2\alpha=\frac{H}{\frac{D}{\sqrt{2}}}2\alpha=\frac{\sqrt{2}H}{D}2\alpha=\frac{\sqrt{2}\times 2.4}{0.1}\times 2\times 0.082=55.66$$

查附录 6-2 附图 6-2(a)得 $S_0 \approx 400$，可见多孔排泄的稀释效果比单孔排泄好得多。

例 6-6 某海边城镇平均每日产污水 40 000 t，拟将污水排入海洋进行处置，设污水密度近似为 1.0 kg/m³，海水密度为 1.03 kg/m³，忽略污水出口流速，排放可按羽流考虑，为使水面最小稀释度达到标准要求的 45 倍，分别计算采用点源排放和线源排放扩散器处所需的水深。

解：

(1) 点源排放

污水流量 $Q_0 = \dfrac{4 \times 10\ 000}{24 \times 60 \times 60} = 0.46\ \mathrm{m^3/s}$

单位起始浮力通量 $B_0 = \dfrac{\Delta\rho_0}{\rho_a} g Q_0 = \dfrac{1.03 - 1.0}{1.03} \times 9.8 \times 0.46 = 0.131\ 4\ \mathrm{m^4/s^3}$

当要求 $S_m = 45$ 时，$x = \left(\dfrac{11.17 Q_0 S_m}{B_0^{1/3}}\right)^{3/5} = \left(\dfrac{11.17 \times 0.46 \times 45}{0.131\ 4^{1/3}}\right)^{3/5} = 39.5\ \mathrm{m}$

即采用单孔排放，排口需设于水深大于 39.5 m 的海底。

(2) 线源排放

线源排放的稀释度与扩散器的长度有关，现考虑扩散器长度为 25 m 和 50 m 两种情形。当 $L = 25$ m 时，

$$q_0 = \frac{Q_0}{L} = \frac{0.46}{25} = 0.018\ 4\ \mathrm{m^2/s}$$

单位起始浮力通量

$$B_0 = \frac{\Delta\rho_0}{\rho_a} g Q_0 = \frac{1.03 - 1.0}{1.03} \times 9.8 \times 0.018\ 4 = 0.005\ 26\ \mathrm{m^3/s^3}$$

由轴线稀释度公式解出

$$x = \left(\frac{q_0 S_m}{0.417 \times B^{1/3}}\right) = \frac{0.018\ 4 \times 45}{0.417 \times 0.005\ 26^{1/3}} = 11.4\ \mathrm{m}$$

当 $L = 50$ m 时，$q_0 = \dfrac{Q_0}{L} = \dfrac{0.46}{50} = 0.009\ 2\ \mathrm{m^2/s}$

单位起始浮力通量

$$B_0 = \frac{\Delta\rho_0}{\rho_a} g Q_0 = \frac{1.03 - 1.0}{1.03} \times 9.8 \times 0.009\ 2 = 0.002\ 63\ \mathrm{m^3/s^3}$$

由轴线稀释度公式解出

$$x = \left(\frac{q_0 S_m}{0.417 \times B^{1/3}}\right) = \frac{0.009\ 2 \times 45}{0.417 \times 0.002\ 63^{1/3}} = 7.2\ \mathrm{m}$$

可见，若采用 25 m 长的扩散器，扩散器处水深应为 11.4 m；若采用 50 m 长的扩散器，只需水深 7.2 m。一般来说，要求的水深越大，则扩散器需离两岸越远，因而所需放流管长度越大，投资自然越大。

§6-6　静止均质(无密度分层)及线性密度分层环境中的二维(长方孔)浮射流

若浮射流是从长方形孔口射出，在宽度方向上孔口的尺寸比厚度方向大得多，则浮射流可看作二维流动，所以只要沿宽度方向取单位宽度来研究即可。

对二维浮射流的分析，与轴对称性质圆形浮射流的基本原则和方法完全一样，只是具体的数学表达式有所不同。轴对称性质圆形断面浮射流，在对任何变量沿断面积分时，微分方程面积为环形面积，积分变量为半径 r，二维浮射流的变量在断面上积分时，其微分单元面积为矩形面积，积分变量为射流厚度方向的长度变量。由于基本假定、基本原理和分析方法都与圆形浮射流完全一样，这里的叙述尽量从简，许多地方只写出其结论。

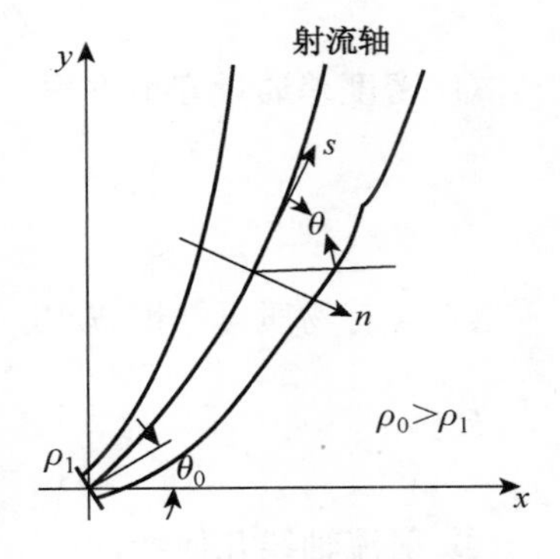

图 6-12　静止均质环境中二维浮射流

1. 静止均质环境中二维浮射流

(1) 基本方程式

如图 6-12 所示，令垂直于射流轴的横断面上沿厚度方向(从轴线算起)的坐标变量为 n，对均质环境下的二维浮射流基本方程式表达如下：

① 连续性方程

$$\frac{\mathrm{d}q}{\mathrm{d}s}=\frac{\mathrm{d}}{\mathrm{d}s}\int_{-\infty}^{\infty}u\mathrm{d}n=2\alpha\, u_m \tag{6-151}$$

代入高斯分布函数后积分得

$$\frac{\mathrm{d}}{\mathrm{d}s}(u_m b)=\frac{2\alpha u_m}{\sqrt{\pi}} \tag{6-152}$$

式中 q 为单宽流量，其余符号同前。

② x 方向的动量守恒

$$\frac{\mathrm{d}}{\mathrm{d}s}\int_{-\infty}^{\infty}\rho u(u\cos\theta)\mathrm{d}n=0 \tag{6-153}$$

积分后得

$$\frac{\mathrm{d}}{\mathrm{d}s}\left(\frac{u_m^2 b}{\sqrt{2}}\cos\theta\right)=0 \tag{6-154}$$

③ y 方向的动量方程

$$\frac{\mathrm{d}}{\mathrm{d}s}\int_{-\infty}^{\infty}\rho u(u\sin\theta)\mathrm{d}n = g\int_{-\infty}^{\infty}(\rho_0-\rho)\mathrm{d}n$$

$$\frac{\mathrm{d}}{\mathrm{d}s}\left(\frac{u_m^2 b}{\sqrt{2}}\sin\theta\right)=g\lambda b\frac{\rho_0-\rho}{\rho_0} \tag{6-155}$$

④ 密度差通量守恒方程

$$\frac{\mathrm{d}}{\mathrm{d}s}[u_m b(\rho_0-\rho)]=0 \tag{6-156}$$

⑤ 含有物质量守恒方程

$$\frac{\mathrm{d}}{\mathrm{d}s}(C_m u_m b)=0 \tag{6-157}$$

⑥ 射流轴线几何特性

$$\frac{\mathrm{d}x}{\mathrm{d}s}=\cos\theta \tag{6-158}$$

$$\frac{\mathrm{d}y}{\mathrm{d}s}=\sin\theta \tag{6-159}$$

以上共七个方程，七个未知数，求解的初始条件为

$$\left.\begin{array}{l} u_m(0)=u_0,\ C_m(0)=C_0 \\ \rho_m(0)=\rho_1,\ b(0)=b_0 \\ \text{当 } s=0 \text{ 时},\ x=0,\ y=0 \\ \theta(0)=\theta_0 \end{array}\right\} \tag{6-160}$$

(2) 方程组无量纲化

定义下列无量纲变量

无量纲流量

$$\mu=\frac{u_m b}{u_0 b_0} \tag{6-161}$$

无量纲动量

$$m = \left[\frac{4\alpha\rho_0}{\sqrt{\pi}\lambda g u_0^4 b_0^4(\rho_0 - \rho_1)}\right]^{\frac{1}{2}} \frac{u_m^2 b}{\sqrt{2}} \tag{6-162}$$

$$h = m\cos\theta \tag{6-163}$$

$$v = m\sin\theta \tag{6-164}$$

无量纲坐标

$$\zeta = \left[\frac{4\sqrt{2}g\alpha^2\lambda(\rho_0 - \rho_1)}{\pi\rho_0 u_0^2 b_0^2}\right]^{\frac{1}{3}} s \tag{6-165}$$

$$\eta = \left[\frac{4\sqrt{2}g\alpha^2\lambda(\rho_0 - \rho_1)}{\pi\rho_0 u_0^2 b_0^2}\right]^{\frac{1}{3}} x \tag{6-166}$$

$$\xi = \left[\frac{4\sqrt{2}g\alpha^2\lambda(\rho_0 - \rho_1)}{\pi\rho_0 u_0^2 b_0^2}\right]^{\frac{1}{3}} y \tag{6-167}$$

引入上述无量纲变量后，方程组变为

$$\frac{d\mu}{d\xi} = \frac{m}{\mu} \tag{6-168}$$

$$h = \sqrt{m^2 - v^2} = const = h_0 \tag{6-169}$$

$$\frac{dv}{d\zeta} = \frac{\mu}{m} \tag{6-170}$$

$$\frac{d\eta}{d\zeta} = \frac{h}{m} \tag{6-171}$$

$$\frac{d\xi}{d\zeta} = \frac{v}{m} \tag{6-172}$$

相应的初始条件变为

$$\left.\begin{array}{l} \mu(0) = 1,\ m(0) = m_0 \\ \text{当}\ \zeta = 0\ \text{时},\ \eta = 0,\ \xi = 0 \\ \theta(0) = \theta_0 \end{array}\right\} \tag{6-173}$$

(3) 数值解

仍以 θ_0 和 m_0 为参数，数值解的结果整理为两种图解曲线，图的作法和前面介绍的均质环境相同。

在二维浮射流情况下有

$$\left.\begin{aligned}\frac{x}{b_0}&=\frac{\sqrt{\pi}\eta}{2\alpha}m_0\\\frac{y}{b_0}&=\frac{\sqrt{\pi}\xi}{2\alpha}m_0\end{aligned}\right\}\tag{6-174}$$

轴线上稀释比 $S_0=C_0/C_m=\mu$

对二维浮射流的数值解成果是采用 $\alpha=0.16$，$\lambda=0.89$ 得出的，这是利用二维浮力羽流的实验成果。

(4) 关于初始段的修正

① 初始段末端射流半厚度 b_0

令孔口厚度为 B，初始段末端浮射流半厚度

$$b_0=\sqrt{\frac{2}{\pi}}B\tag{6-175}$$

② 以射流孔中心为原点的轴线轨迹坐标

$$\left.\begin{aligned}x'&=x+5.2B\cos\theta\\y'&=y+5.2B\sin\theta\end{aligned}\right\}\tag{6-176}$$

初始段长度 5.2B 是 *Albertson* 等人对二维浮射流的研究成果。

③ 轴线稀释比

以孔口断面浓度为参考浓度的稀释比

$$S=\sqrt{\frac{2\lambda^2}{1+\lambda^2}}S_0\tag{6-177}$$

利用上面公式计算稀释比，当采用 $\lambda=0.89$ 时会得出初始段末端断面浓度大于孔口断面浓度的矛盾。因而建议对 S 的计算应根据 S_0 的大小，区别为两种不同情况：

当 $S_0\geqslant 1.06$ 时，

$$S=0.94S_0\tag{6-178}$$

当 $S_0<1.06$ 时，

$$S=S_0\tag{6-179}$$

④
$$m_0=\left(\frac{\alpha}{\lambda}F_0^2\right)^{\frac{1}{2}}\tag{6-180}$$

2. 线性密度分层环境中的二维浮射流

(1) 基本方程

连续性方程、x 方向的动量方程、含有物质量守恒方程以及浮射流轴线轨迹的几何特

性与均质环境二维浮射流完全一样。

y 方向的动量方程、因为环境密度 ρ_a 为变数且与 ρ_0 不等，故应改为下式

$$\frac{\mathrm{d}}{\mathrm{d}s}\left(\frac{u_m^2 b}{\sqrt{2}}\cos\theta = g\lambda b\,\frac{\rho_a-\rho}{\rho_a}\right) \tag{6-181}$$

浮力通量不再守恒，其方程式变为

$$\frac{\mathrm{d}}{\mathrm{d}s}[u_m b(\rho_a-\rho)] = \sqrt{\frac{1+\lambda^2}{\lambda^2}}u_m b\,\frac{\mathrm{d}\rho_a}{\mathrm{d}s} \tag{6-182}$$

求解方程的初始条件和均质环境二维浮射流的条件式(6-173)一样。

(2) 方程组无量纲化

无量纲变量表达式为：

无量纲流量

$$\mu = \left[\frac{32\sqrt{2(1+\lambda^2)}F_0^4\alpha^2}{\pi G^3}\right]^{-\frac{1}{3}} u_m^2 b^2 \tag{6-183}$$

无量纲动量

$$m = \left[\frac{G}{\sqrt{2(1+\lambda^2)}}F_0^2\right]\frac{u_m^4 b^2}{2} \tag{6-184}$$

$$h = m\cos^2\theta \tag{6-185}$$

$$v = m\sin^2\theta \tag{6-186}$$

无量纲浮力

$$\beta = \left[\frac{G}{\sqrt{2(1+\lambda^2)}}F_0^2\right]\frac{u_m^4 b^2}{2} \tag{6-187}$$

无量纲坐标

$$\zeta = \left[\frac{32\sqrt{2(1+\lambda^2)}G^3\alpha^2}{\pi F_0^2}\right]^{\frac{1}{6}} S \tag{6-188}$$

$$\eta = \left[\frac{32\sqrt{2(1+\lambda^2)}G^3\alpha^2}{\pi F_0^2}\right]^{\frac{1}{6}} x \tag{6-189}$$

$$\xi = \left[\frac{32\sqrt{2(1+\lambda^2)}G^3\alpha^2}{\pi F_0^2}\right]^{\frac{1}{6}} y \tag{6-190}$$

上式中 G 和 F_0 具有量纲，其定义为

$$G=-\frac{g}{\rho_0}\frac{\mathrm{d}\rho_a}{\mathrm{d}y} \tag{6-191}$$

$$F_0=\sqrt{\frac{\lambda^2}{1+\lambda^2}gu_0b_0\frac{\rho_0-\rho_1}{\rho_0}} \tag{6-192}$$

引入上述无量纲变量后微分方程变为

$$\frac{\mathrm{d}\mu}{\mathrm{d}\zeta}=\sqrt{m} \tag{6-193}$$

$$h=m-v=const=h_0 \tag{6-194}$$

$$\frac{\mathrm{d}v}{\mathrm{d}\zeta}=\beta\left(\frac{\mu v}{m}\right)^{\frac{1}{2}} \tag{6-195}$$

$$\frac{\mathrm{d}\beta}{\mathrm{d}\zeta}=-\left(\frac{\mu v}{m}\right)^{\frac{1}{2}} \tag{6-196}$$

$$\frac{\mathrm{d}\eta}{\mathrm{d}\zeta}=\left(\frac{h}{m}\right)^{\frac{1}{2}} \tag{6-197}$$

$$\frac{\mathrm{d}\xi}{\mathrm{d}\zeta}=\left(\frac{v}{m}\right)^{\frac{1}{2}} \tag{6-198}$$

相应的初始条件和均质环境浮射流的初始条件式(6-173)一样。

(3) 数值求解

问题的参数为 μ_0、m_0 和 θ_0，图的作法和前面介绍的均质环境相同。

(4) 关于初始段的修正

① 初始段末端射流半厚度 b_0

令孔口厚度为 B，初始段末端浮射流半厚度

$$b_0=\sqrt{\frac{2}{\pi}}B \tag{6-199}$$

② 初始段末端断面的 m_0 及 μ_0 值

$$m_0=\left(\frac{\sqrt{2(1+\lambda^2)}}{4\lambda^2}\right)\frac{F^{\frac{2}{3}}}{T} \tag{6-200}$$

$$\mu_0=\left(\frac{\sqrt{2(1+\lambda^2)}}{4\lambda^{\frac{4}{3}}\alpha^{\frac{2}{3}}}\right)\frac{F^{\frac{2}{3}}}{T} \tag{6-201}$$

③ 稀释比

$$S=\sqrt{\frac{2\lambda^2}{1+\lambda^2}\frac{\mu}{\mu_0}} \tag{6-202}$$

习　题

6-1　一狭缝宽度为 80 cm 的排污口淹没于水下，沿水平方向将废水泄入相同密度的清洁水体中，泄水的单宽流量为 0.4 m^3/s，试计算并点绘距出口距离 $x=10$ m 断面上的流速分布。

6-2　某排污管将生活污水排至湖泊，其出口为狭长矩形，孔宽 0.3 m，污水出流方向垂直向上，初始出流速度为 5 m/s，出口平面位于湖面下 30 m，排泄污水浓度为 1 300 ppm，假设污水与湖水密度相同，试求到达湖面时的最大速度、最大浓度、断面平均稀释度和轴线稀释度。

6-3　如前所述排污管，出口流速不变，浓度相同的情况下，出口改为直径 $d=0.3$ m 的圆形喷口，求到达湖面处的最大流速、最大浓度、断面平均稀释度、轴线稀释度。

6-4　一含有污染物质的平面淹没紊动射流，水平射入密度相同的清洁清水中，已知射流出口为狭长的矩形孔口，孔口断面高度为 $2b_0=60$ cm，浓度 $C_0=1\ 200$ mg/L，试求离出口距离 $x=7.5$ m 处断面的最大浓度。

6-5　一直径为 60 cm 的管道出口淹没于水下，沿水平方向将废水泄入相同密度的清洁水体中，泄水流量为 0.5 m^3/s，试计算并点绘距出口距离 $x=10$ m 断面上的流速分布。

6-6　平面淹没射流以单宽流量 $q_0=0.55\ m^2/s$，从 $2b_0=0.4$ m 的管嘴喷出，试求 2.1 m处射流半宽度 b、轴线流速 u_m。

6-7　设一含有污染物质的圆形断面淹没射流，水平射入密度相同的清洁水体中，已知射流出口断面直径 $d_0=60$ cm，浓度 $C_0=1\ 200$ mg/L，试求离出口距离 $x=7.5$ m 断面上的最大浓度和径向半径分别为 0.2 m、0.4 m、0.6 m、0.8 m、1.0 m 处浓度。

6-8　一直径为 $D=0.4$ m 的圆孔射流沿水平方向射入密度的静止水体中，出口流量 $Q_0=0.35\ m^3/s$，试求射流中心流速达到 0.3 m/s 的距离。

6-9　一圆形射流射入密度相同的静水中，出口直径 $D=0.2$ m，$u_0=4$ m/s，出口断面示踪物浓度为 C_0，求距喷口距离 $x=4$ m 断面上流量及从中心至 $r=0.2$ m 范围内所含示踪计算物占整个断面示踪物量的百分比。

6-10　设用排污管将污水排入湖中，污水流量为 $Q_0=0.125\ m^3/s$，污水管出口在湖面下 15 m。污水垂直向上排泄，污水出流浓度为 1 000 ppm。密度与湖水的差别可忽略不计。在保持出口流速为 1 m/s 的条件下，试比较下列两种排放方案中湖水面的最大浓度、轴线稀释度和平均稀释度。(1) 采用单孔排放，并确定喷口直径；(2) 用互不干扰的多孔排放，孔数为 16 个，确定孔口直径和最小孔径。

6-11　如图所示为一环形喷口的顶视和剖视图。试用动量积分法推导喷出的自由紊动射流主体段的断面最大流速沿程变化的关系式(假定 $b_e=\varepsilon(r-r_0)$)。

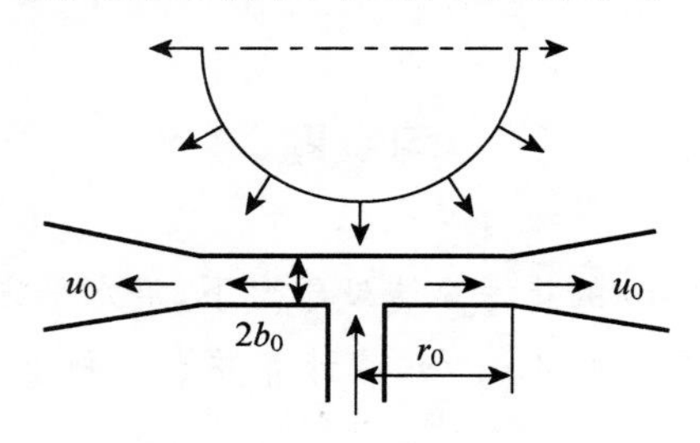

6-12　在水下 17.2 m 深处的一个圆形污水排污口，其 $u_0=3.1$ m/s，$D=0.1$ m，$\frac{\Delta\rho_0}{\rho_a}=0.025$，计算垂向排放($\theta_0=90°$)和水平排放($\theta_0=0°$)时水面的轴线稀释度 S_0(卷吸系数 $\alpha=0.082$)。

6-13　污水沿水平方向排入大海，污水浓度为 100 ppm，排放口位于海平面下 40 m，孔径为 0.4 m，出口流速为 0.5 m/s，$\frac{\Delta\rho_0}{\rho_a}=0.03$，试分别按羽流和浮射流来计算到达海平面的最大流速、浓度和稀释度。

6-14　在海面下 40 m 深处的一个圆形污水排污口。其 $u_0=5$ m/s，$D=0.1$ m，$\frac{\Delta\rho_0}{\rho_a}=0.025$，计算 $\theta_0=0°$，45°，90°三种情形下，浮射流到达海平面的轴线稀释度 S_0(卷吸系数 $\alpha=0.082$)。

6-15　生活污水经初步处理后排入海水中，污水流量 $Q=0.125$ m^3/s，排污管位于海面下 15 m，污水沿水平方向排泄，污水与海水的相对密度差为 0.015，假设保持污水管出口流速 $u_0=1$ m/s 不变情况下用两种方式排泄：(1)孔口 $D=0.4$ m 的单孔排泄；(2)用 16 个互不干扰的 $D=0.1$ m 的多孔排泄，试比较哪种方式所获得的海面稀释度大。

6-16　一圆形排污口淹没于水面下 35 m，出口直径 $D=0.25$ m，出口断面处污水与海水的相对密度差为 $\frac{\Delta\rho_0}{\rho_a}=0.025$，已知 $\alpha=0.082$，$\lambda=1.16$。试讨论当出口流速分别为 $u_0=0.4$ m/s和 $u_0=3.5$ m/s 时，浮射流到水面的平均稀释度(初始喷射角 $\theta_0=0°$和 $\theta_0=90°$两种情况)(不考虑初始段修正)。

附　录　6

附录 6-1　静止均质环境中圆形浮射流轨迹及射流厚度求解图

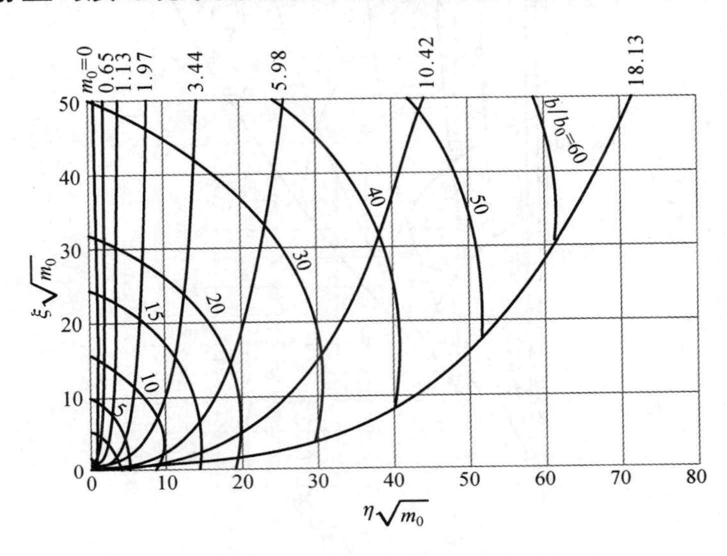

附图 6-1(a)　静止均值环境中圆形浮射流轨迹及射流厚度求解图($\theta_0=0°$)

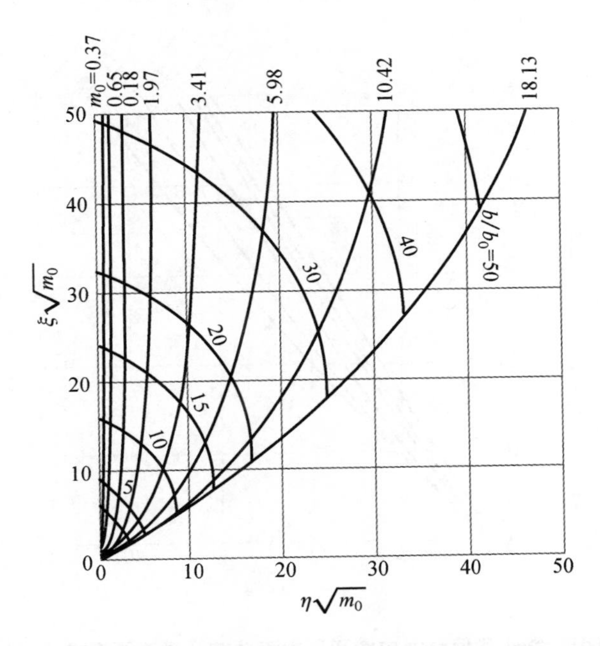

附图 6-1(b)　静止均值环境中圆形浮射流轨迹及射流厚度求解图($\theta_0=30°$)

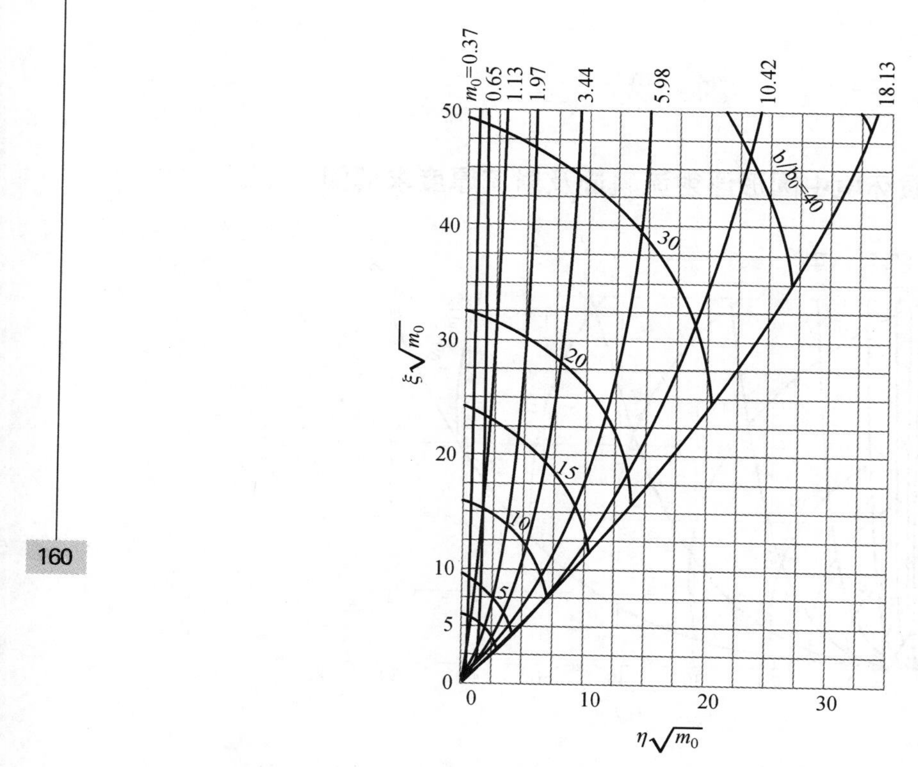

附图 6-1(c)　静止均值环境中圆形浮射流轨迹及射流厚度求解图($\theta_0=45°$)

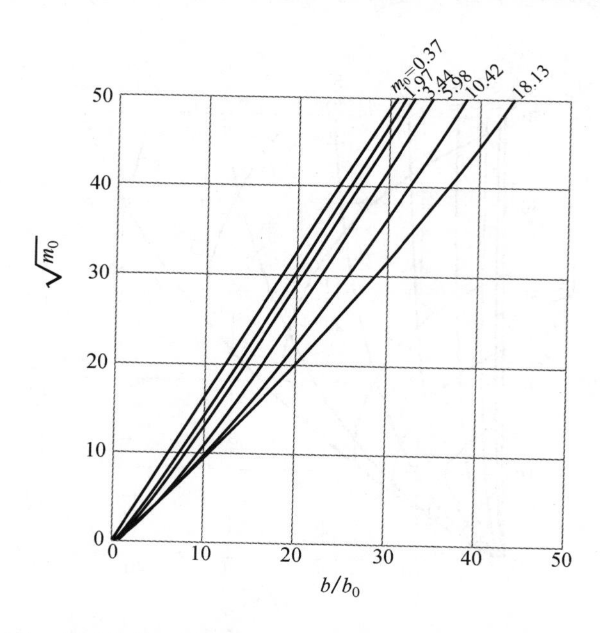

附图 6-1(d)　静止均值环境中圆形浮射流轨迹及射流厚度求解图($\theta_0=90°$)

附录 6-2　静止均质环境中圆形浮射流稀释度求解图

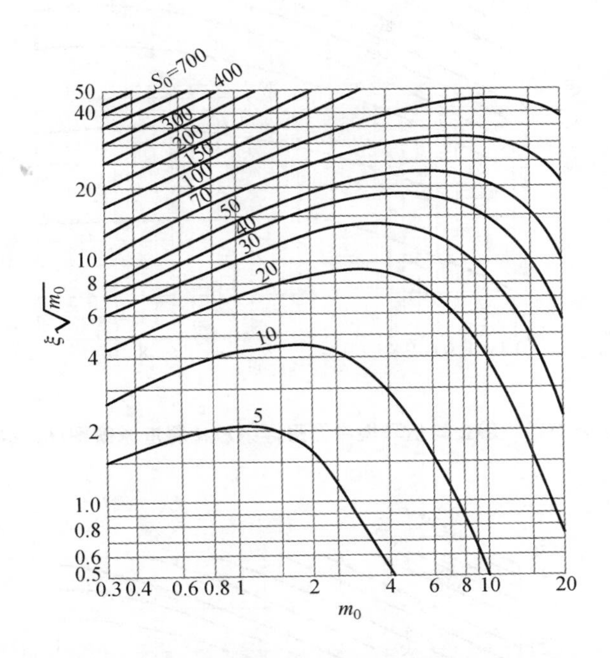

附图 6-2(a)　静止均值环境中圆形浮射流稀释度求解图($\theta_0=0°$)

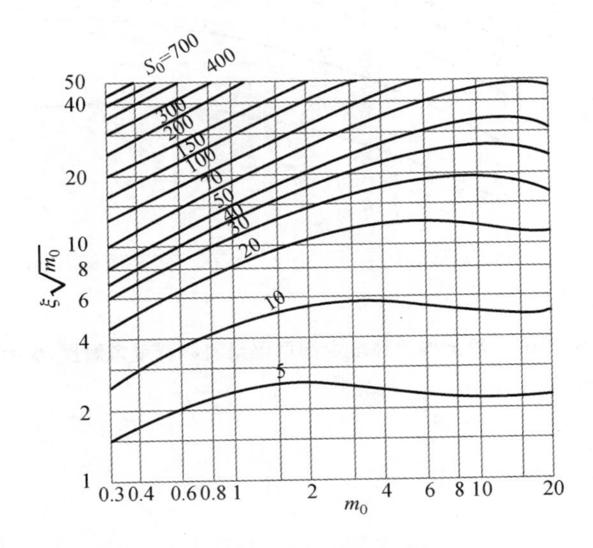

附图 6-2(b)　静止均值环境中圆形浮射流稀释度求解图($\theta_0=30°$)

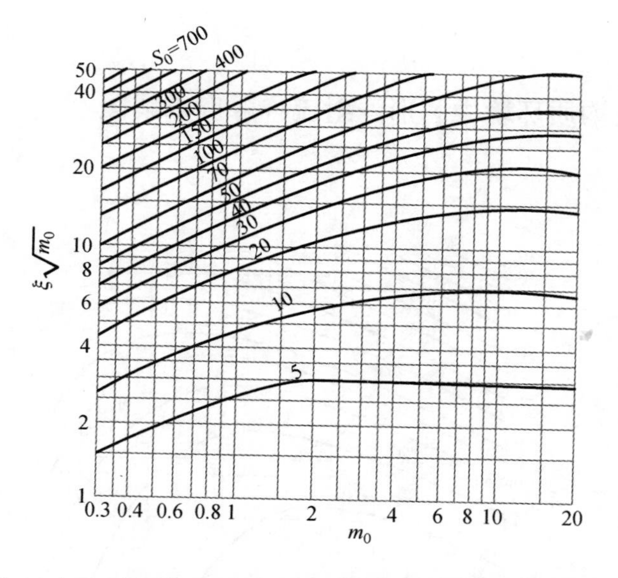

附图 6-2(c) 静止均值环境中圆形浮射流稀释度求解图(θ_0=45°)

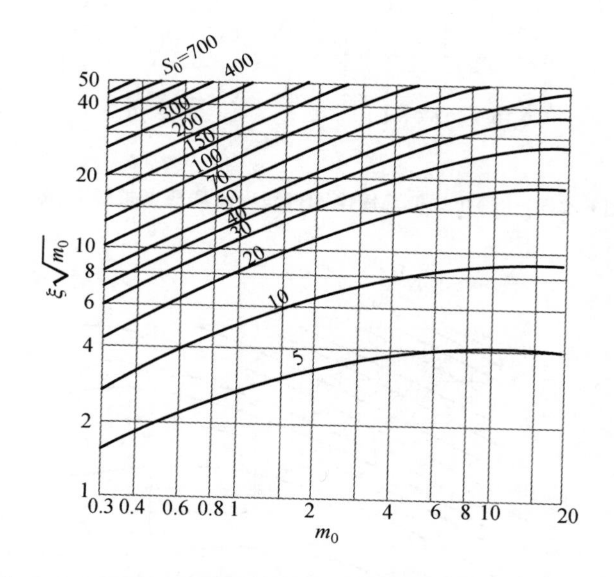

附图 6-2(d) 静止均值环境中圆形浮射流稀释度求解图(θ_0=90°)

参考文献

[1] 赵文谦.环境水力学.成都:成都科技大学出版社,1986
[2] 董志勇.环境水力学.北京:科学出版社,2006
[3] 余常昭.环境流体力学导论.北京:清华大学出版社,1992
[4] 张书农.环境水力学.南京:河海大学出版社,1988
[5] 彭泽洲,杨天行,梁秀娟,等.水环境数学模型及其应用.北京:化学工业出版社,2007
[6] 汪家权,钱家忠.水环境系统模拟.合肥:合肥工业大学出版社,2006
[7] 李大美,黄克中. 环境水力学.武汉:武汉大学出版社,2006
[8] 杨志峰.环境水力学原理.北京:北京师范大学出版社,2006
[9] 闻德荪.工程流体力学(水力学)(第三版).北京:高等教育出版社,2010
[10] 槐文信,杨中华,曾玉红.环境水力学基础.武汉:武汉大学出版社,2014
[11] 程文.环境流体力学.西安:西安交通大学出版社,2011
[12] 赵宗升.环境流体力学.北京:北京大学出版社,2008
[13] 张玉清.水污染动力学和水污染控制.北京:化学工业出版社,2007

参考文献